纺织服装高等教育"十三五"部委级规划教材

东华大学服装设计专业核心系列教材

刘晓刚　主编

FUZHUANG ZAOXING SHEJI

服装造型设计

第 3 版

许　可　编著

U0377560

东华大学出版社

·上海·

图书在版编目（CIP）数据

服装造型设计／许可编著. —3 版. —上海：东华大学
出版社,2018.8
ISBN 978－7－5669－1423－1

Ⅰ.①服… Ⅱ.①许… Ⅲ.①服装设计—造型设计
Ⅳ.①TS941.2

中国版本图书馆 CIP 数据核字(2018)第 125803 号

责任编辑　徐建红
封面设计　风信子

服装造型设计（第 3 版）

许　可　编著

出　　　　版：东华大学出版社(地址:上海市延安西路 1882 号　邮政编码:200051)
本 社 网 址：dhupress.dhu.edu.cn
天猫旗舰店：http://dhdx.tmall.com
营 销 中 心：021-62193056　62373056　62379558
印　　　　刷：上海颛辉印刷厂有限公司
开　　　　本：787 mm×1092 mm　1/16
印　　　　张：14
字　　　　数：400 千字
版　　　　次：2018 年 7 月第 3 版　2024 年 1 月第 2 次印刷
书　　　　号：ISBN 978－7－5669－1423－1
定　　　　价：59.00 元

目　录

第一章

造型与造型设计概述

　　人类区别于动物的根本标志是人类能够制造工具,从人类远祖第一次磨制石器工具开始,人类的历史即掀开了文明的序幕。工具的制作不仅实现了保护人类、解放人类、发展人类、满足人类需求的生存愿望,还推动了社会文化的发展,促进了历史文明的飞跃,不断为人类描绘出关于未来生活的神奇璀璨的宏伟蓝图。当然,除了人类以外,自然界的一些动物也具备某种造物的机能,例如,大凡鸟类都能够制造出十分坚固且精致的鸟巢,用于栖息生长。但是,我们却不难发现人类和动物的工具制造,其实存在着本质的差别。显而易见,鸟类的筑巢只不过是一种本能的生存行为和表现,而人类的造物却是具备一种明确的目的性和选择性,通过一定的程序和方法,用一种恰当合适的手段来进行表现和塑造,这期间还考虑到了材料、加工等各种技术问题,目的就是力求充分体现物品的完美性和实用性。人类这种对美好物品的憧憬和孜孜追求的愿望,在经历了时代漫长发展的实践洗练后,终于形成了今天我们所学习和研究的造型艺术和造型文化。

第一节 关于造型

从词义上讲,造型有两层含义:第一层,造型是一种创造活动,创造和塑造物体特有的形象和形态,在此,造型属于动词词性,确切地说,是属于动名词词性;第二层,造型是被创造和塑造出来的物体的特有形象和形态,在此,造型是属于名词词性。比如:"给待嫁新娘造个型",此处的造型就是动词、动名词词性,即造型的第一层含义。而"新娘子的这个造型很美",这里的造型就是名词,也即造型的第二层含义。寻查"造型"一词,发现它的注解多为"通过五官感觉捕捉到的事物形态""显露于表面的姿态、外形的一定形式",或是"塑造物体的特有形态和立体空间构型""创造出来的物体的形象"等。那么,造型究竟是什么呢?本节通过对造型的定义、特征、条件、作用、分类、要素等一系列的具体阐述,从不同角度学习和理解,加强对造型这一概念的认知和掌握。

一、造型的定义

造型是用特定的物质材料(如绘画使用颜料、纸张、绢布等,雕塑使用木材、石头、泥土等),按照审美要求塑造出一种可视的平面或立体的物体形象。造型存在于一切具有维度指标的具象事物之中,包括二维平面、三维立体等事物,多指处于现实状态的立体造型。一个物体在空间的具体形象是由此物体的外轮廓和内结构结合而成的,而这种外轮廓和内结构是由被称之为"造型要素"的各个单元及其特定表征所决定的,故此,我们不难发现,大自然中的物体千姿百态,特征各异。造型便是在充分把握住物体主要特征的基础之上,所研究创造出的一种新的、理想的物体形象。

(一)广义的造型概念

广义地说,造型与有关美的艺术要素并无本质关联,而只是人类依据某种思想上意识的支配,制作一种可以看得见但未必摸得着的、以现实或虚拟的方式而存在的某种物体的形象。例如,小孩子们热衷的搭积木、堆沙坑等游戏都是一种存在于现实世界的造型活动,游戏软件中的人物与场景则是一种存在于虚拟世界的造型活动。有些造型活动看似非常渺小,甚至毫无实际的意义,但其实它的行为本质却都是造型活动的某种表现。例如,主妇们在家里精心搓捏的糕点外形(图1-1)与梵高的绘画、罗丹的雕塑或贝聿铭的建筑(图1-2)一样,都是造型活动之一。

(二)狭义的造型概念

狭义地说,造型就是专指产生于视觉领域的,以满足视觉样式需求为表现目的,同时包含造物行为的创造活动,特指艺术、设计等领域里的外轮廓和内结构在形象上的关系总和。在日常生活中,造型经常被作为前置词使用,如造型美术、造型艺术、造型设计等。例如,属于纯艺术的绘画、雕塑、舞蹈等,一般人们称之为造型艺术(图1-3);工业设计中的包装设计、汽车设计、服装设计、建筑设计等,一般人们称之为产品造型设计(图1-4)。由此,造型也就由普通用语逐渐演变成专业术语。

图1-1　主妇们精心搓捏的糕点外形

图1-2　贝聿铭设计的卢浮宫金字塔

图1-3　舞蹈艺术

图1-4　建筑设计

二、造型的特征

事物皆有其特征,理所当然,造型有其自身的存在特征。造型特征主要可以归纳为形状的规律、色彩的载体和特定的质感三个方面。

(一) 形状的规律

一般来说,物体的造型是通过三维空间塑造表示出来的。因此,可以从空间的上下、左右、前后任何一个角度去观察它的立体形态,研究它的美感。同样,服装造型设计也属于立体造型范畴,其形态要素均由点、线、面、体和空间等元素构成,通过对它们的基本形式进行分割、组合、积聚、排列等构成上的变化,创造出千姿百态的服装造型。从构成理论的角度来说,点的移动轨迹形成线,线的移动轨迹形成面,而面的旋转与组合则形成体。服装设计正是运用这种形式美的基本法则将基础的造型要素进行组合变化,从而塑造和创造出更新更完美的设计。

（二）色彩的载体

造型可以没有色彩，比如无色透明而形状各异的玻璃即是没有色彩的造型；而色彩必须附着造型，即使是一望无际的天空，也必定会有边界不一的天际线。因此，没有色的形可以存在于现实，没有形的色不能被现实感知。色彩是人们在生活中不可缺少的一种视觉要素。一个具有正常视觉能力的人，只要每天一睁开眼睛，就能感觉到世界上各种不同的色彩组合，感受到自己生活在一个色彩斑斓的缤纷环境中。人们在生活中接触到的任何环境和各种物体，都无一例外地附着着色彩与色彩的组合。所以，造型界定了色彩的形状范围，色彩依附于造型的空间属性，没有造型支撑的色彩是虚幻的、不真实的，而只有依附于造型的色彩才是实在的、真实的。

（三）特定的质感

任何物体都由一定的材料制作而成，不同的材料产生出不同的质感，这种质感包括自然质感和人为质感，从而使人产生出不同的心理感应。例如建筑上使用的木材具有温暖感、石材具有庄重感、钢材具有坚硬的冷漠感；手工艺中使用的玻璃、琉璃、水晶则赋予人们晶莹剔透的视觉质感；而服装制作中的丝绸面料如雪纺、乔其纱等则产生一种柔和、轻盈、飘逸的感官效果。所以在造型设计中，对材料的质感认知非常重要，不同的物体造型需要不同的质感材料与之相呼应。如果能够合理恰当地运用和安排材料的感觉物性，那么将会给产品的造型设计带来选材的多样性，从而为新产品注入崭新而独特的生命力。

三、造型的条件

随着社会经济的发展和大众审美需求的变化与提高，人们对造型提出了更多、更新的要求，即包含了功能性、技术性和审美性三方面的综合要求。造型的目的就是通过这三个要素的紧密联系，创造出满足人们物质和精神生活需要的各种物品。造型是一项通过对事态和物像精微观察与感知后所进行的一种感知表达活动，它要求我们对所造型的事物进行充分的观察和研究，在此基础上，从多方面设想和计划塑造实施的可能性，诸如材质、结构、工艺等，绝不能仅仅局限于对形态单方面的设计创新，忽略了对生产可行性和使用的实效性等的研究和探索。

四、造型的作用

造型要解决的主要问题是通过使用多种工具、材料、技术手段，依据形态、色彩、肌理、空间等造型元素及造型艺术的形式原理与形式法则，对视觉经验、视觉感受与视觉表达进行富于开拓性的探索与研究，它之于创造性思维的形成和设计意图的多样性表达具有相当程度的决定意义。造型研究的领域非常广阔，在充分研究、探索、发掘新型工具、材料与技术条件的前提下，通过形态、色彩、肌理、空间等造型元素的构成组合，呈现自然界（包括直觉的、偶然的）无限丰富的形态变化及其体态所蕴含的"意味"。造型的作用主要分为计算外部轮廓、构建内部结构、实验材料性能、满足物品功能四个方面。

五、造型的分类

按照使用要求范围来区分，可以将造型分为实用功能的造型和实用功能结合审美功能的造型，以及审美功能的造型三类（图1-5），具体分述如下：

（一）实用功能的造型

所谓实用功能的造型,即单纯考虑实际使用功能而设计的造型。通常所见的造型多是对材料和物体进行组织、加工和综合,这是可以单独考虑"物"与"物"关系的造型。这些造型主要是基于物理、化学、工学等方面的科学知识以及生产技术方面的工程知识完成的,需要指出的是,并不是实用功能造型中不可以融入审美功能,而是可以不融入审美功能。

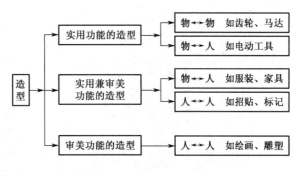

图1-5 造型的分类

（二）实用兼审美功能的造型

实用且具有审美功能的造型,主要是以考虑"物"与"人"的关系为中心的造型。设计时,要考虑人的身体和心理感情体会,这些造型主要是应用科学、生理学、人体工程学、心理学、艺术学等方面的知识综合完成的。它包括的范围极广,凡是与人的衣、食、住、行、生活、工作、学习有关的产品皆属此范围。

（三）审美功能的造型

所谓审美功能的造型,即主要是服从以审美为目的的造型。这些造型主要是基于艺术学、心理学、社会学、伦理学等方面的人文知识完成的,它以"人"与"人"的关系为中心,进行多个领域和各种形式的造型活动。从实体事物的角度来说,审美功能的造型主要是指绘画、雕塑、书法、装饰、工艺美术品等主要因素或基本单元。现代科学的共同性构想,就是把研究彻底还原到要素的程度后,再将之综合起来。在对形式进行分析、抽出它们的特性和要素的基础上,多方面地探讨它们的本质,最终再加以综合完成。按照系统论的观点,要素具有如下几个特征:一是层次性,即某一要素相对它所在的系统是要素,相对于组成它的要素则是系统;二是结构性,即要素在系统中可以组成一个既相互独立又相互联系的结构,要素的质地在很大程度上决定了系统的质地;三是功效性,即同一要素在不同系统中具有不同的性质、地位和作用;四是协调性,即系统中的某一要素与其他要素必须协调,差异过大的要素将会自行脱离系统或被系统排异。

这一观点同样适用于造型要素。作为一种行为,造型是基于一种分析和思考的思想姿态,着眼于作品的形成要素、特征或成分,通过对各种要素的探讨,研究其各自的特殊性和作用性,从而进行有效地组织造型。如果用语言学比喻,造型要素在造型过程中起着单词和词组的作用,它对物体的空间关系起着至关重要的基石作用。通常,造型要素的定义源自于几何学中的点、线、面、体四个概念。

1. 点

点是一种空间位置。数学中的点是只有位置、没有大小与形状的零次元存在。在造型中,如果点只是零次元,便无法被视觉感知,所以,造型中的点要素必须具有大小或形状,即要有一定的面积和形态,才能被造型活动所利用(图1-6,图1-7)。

图 1-6　纽扣作为点在服装造型中的应用　　　　　图 1-7　腰扣作为点在服装造型中的应用

2. 线

　　线是点的移动轨迹。数学中的线是没有粗细只有长度与方向的一次元存在。在造型中,如果线只有粗细而没有长度和方向,也不能被感知,所以,造型中的线要素必须具有一定的粗细,即要有一定的截面,才能被造型(图 1-8,图 1-9)。

图 1-8　腰带作为线在服装造型中的应用　　　　　图 1-9　面料中线素材在服装造型中的应用

3. 面

　　面是线的移动轨迹。数学中的面是没有高度只有长度与宽度的二次元存在。在造型中,如果面没有高度而只有长度与宽度,同样不能被现实感知,因此,造型中的面要素必须有一定的高度(厚度),才能用来构成造型。如图1-10、图1-11中领面、衣片作为服装造型中的面是有一定厚度的。

图1-10 领面作为面在服装造型中的应用　　　　　图1-11 衣片作为面在服装造型中的应用

4. 体

体是面的移动轨迹。数学中的体是长度、宽度和高度一定的三次元存在。在造型中,体的构成可以是面的合拢组合、重叠、堆积,也可以是点、线、面的密集排列(图1-12,图1-13)。

图1-12 衣袖作为体在服装造型中的应用　　　　　图1-13 裤腿作为体在服装造型中的应用

点、线、面、体是借鉴了数学概念的最基本的造型要素,与数学中的相关概念不同的是,存在于客观世界中的造型要素一般应该是具体的、物质的、现实的、有体积的、有方位的,具有可感知、可观察、可触摸等特征。

第二节　关于形态

从科学和现实的意义上来讨论,形态是指占有一定空间的某种物质所具有的形式与状态。从表面上看,这个定义是很容易被理解的,但是如果要认真推敲,其实不然。在此,问题的关键是,决定形态的因素究竟是由哪些方面的内容构成的呢?答案显然是多样的。对形态的认识,可以帮助人们更加清晰地了解这个易于与造型混淆的概念,找到形态与造型的异同,便于更好地研究、发现和利用造型及其表现的多样性。

一、形态的定义

设计中的形态是指物体在一定环境条件下的表现形式,也是造型内外要素有机联系的必然结果。作为一种认识物质的手段和方法,从产品设计角度来讲的形态的涵义,可以从"形"和"态"两个方面来分析。产品设计中"形"应体现某一特定商品的功能性和审美性,即把材料、构造、经济性及安全维修等各种要素有机地构成统一的形。而"态"是物体的内在发展方式,它与物体在空间中占有的地位有着密切的关系,体现了形态所存在的那个时代的重要观念和表现手段。造型要素的不同排列组合或者编码方式构成了造型的不同形态,反映了一种物体存在的现实状况。

二、形态的分类

在现实世界中,每当我们睁开眼睛时,就可看到各种自然现象和人造的物品,并且每种东西都有各自的形态,世界就是由这些千姿百态的事物形态构成了人类生存的环境。按照形态学的划分原则,我们一般将形态划分为两大类:概念形态和现实形态(图1-14)。

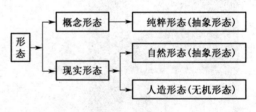

图1-14　形态的分类

(一)概念形态

几何学里不能直接知觉的概念性形态,是纯粹化、抽象化的形态。主要指几何学中所述的点、线、面、体(图1-15),尽管它们在实际中是不存在的,但是在具体造型中,离不开这些约定俗成的形态符号,它们是构成造型的最基本要素。

(二)现实形态

现实形态主要分为通过视觉、触觉等直接感受的自然界中的自然形态和人造形态两大类:一般来说自然形态与人的意志和要求无关,自然现象是物质的,它们在自然中自律地形成相互

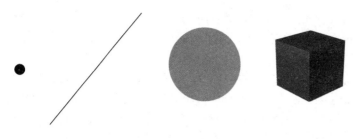

图 1-15　点、线、面、体

关联、相互作用而存在(图 1-16);人造形态是通过人的意志,依靠材料和处理材料的技术,进而加工出的物品的形态,是区别于自然形态而言的(图 1-17)。

图 1-16　自然形态的花

图 1-17　人造形态的摩托车

三、形态的表现

　　形态要具有一定美感的先决条件,是必须拥有一个与形态相适应的"精神势态"。而在设计领域中,产品的形态总是与它的功能、材料、机构、构造等要素分不开的。人们在评价某一产品形态好坏的同时,往往都是与这些基本要素联系在一起。所以,产品形态是功能、材料、机构、构造等要素所构成的"特有势态"给人的一种整体视觉感受,而产品的功能、材料、机构、构造,又正是建立在形态的基本要素之上才得以体现出来,它们之间既相独立又相依存(图 1-18)。

四、形态的要素

　　形态要素是指构成形态的最基本、最单纯的因素,是决定形态性质及其心理效应的根本条件。世界上任

图 1-18　灵感来源于鸡蛋的产品形态表现

何千姿百态的物体形状之所以能被人感知,正是由于它们具有了不同的形状、色彩和材质,这些元素共同构建了大千世界多彩的形态,我们称之为形态要素。

(一) 形状

形状是指物品形象的内外轮廓及其特征,是形态在特定环境下所呈现的外貌。形状是被视觉感知物体的基本特征之一。形状主要反映形象各部分的外轮廓特征,反映造型要素点、线、面的组合面貌,同时又具有二维平面的性质。也就是说,形状仅仅反映立体形态无数面相中的一个外貌特征。因此,要把握一个立体形态,必须从不同的角度、距离进行观察,将视觉感知到的不同形状统合在一起,这样才能得出一个完整而且准确的印象。

(二) 色彩

自然界任何可视的形象都呈现出五彩的颜色,并因为色彩差别的存在而被视觉所感知。反过来说,色彩又因为依附于某种形态而通过这种形态为人感知。所以,形态与色彩既具备各自独立的品格,同时又互为依存。

(三) 材质

质感是由于塑造形状的材质不同而导致的人的视觉和手感的差异,也是反映形态物质构成的一种特征。不同的材料及其构成形式会给视觉带来不同的感受,而且材质的变化对形态的差异也会产生很大的影响。例如,完全相同形状的两个器皿,一个用塑料制作,一个用不锈钢制作,观者的心理感受却一定是截然不同。

第三节　造型与形态

一个具有现代风格的产品造型,除去先进的科技含量为其必须要素以外,设计的形态也是至关重要的要素之一。形态的美感因素,可以合理地向人们阐述和说明设计师的某种设计语意,犹如我们见到美食会产生饥饿感,"花开"说明春天到来,而"飞雪"则寓意寒冬一样。人们把在自然界中不断摸索、感悟出来的抽象的情感因素,不断地加以总结并通过产品形态的方式把它表达出来,逐渐形成了一种人文文化,所以,可以认为文化是具有一定地域性的。那么设计在人类文化的前提下,运用思维去酝酿、发生,并与其他领域的知识相互激发、撞击和交叉,以尝试在各自不同的文明体系中求得独立与统一,在不同的习俗文化、知识体系中加以抉择,把发想的自由内容无限地展开,这也是创造开发产品新形态的方法与手段。

一、造型与形态的共性

造型与形态是有着密切联系的,它们之间具有某种共通性的存在,相依相存,不可分割。就同一物体而言,两者的共性主要表现在以下几个方面:

(一) 空间的共性

造型与形态所占空间基本一致。造型是形态的骨架,形态是造型的表皮,表皮生长于骨架,并依附于骨架而有限延伸,因此,两者所占的空间份额基本相同。形态可以看成是造型的最后完成状态,一个基本造型的体量基本上决定了一个基本形态的体量。当然,如果一个物体的终极是一个基本造型的累加,则这一物体的最后形态体量会大于其基本造型,比如由建筑大师贝聿铭设计的巴黎罗浮宫内庭的玻璃金字塔就是由众多作为基本造型的小等腰三角形累加而成,但其最终完成的体量远远大于原来的基本造型,究其造型本质属性,仍然是等腰三角形。不同性质的事物有着自身的骨架与表皮的相互关系,有的延伸程度略大,比如生物体的延伸程度就相对较大,有"骨瘦如柴"或"肥胖臃肿"之分;有的则十分有限,比如建筑物不宜有太多的简单地附加在基本框架上的附属物,作为形态内容之一的表面粉刷则不会改变其基本造型。

(二)共体的共性

造型与形态共存一体。从最浅表的意义上去理解,造型和形态都有形状或外形的意思,都是可以通过视觉识别的事物,也都需要借助一定的空间形式表现出来。尽管造型与形态有内外层关系,但它们是共存一体的,因此,在设计中,对形态的考虑是建立在对造型的掌控之上的。相对而言,造型以研究物体结构的本质规律为己任,形态以研究物体表面特征为职责,两者互为你我地存在于同一物体,须臾不可分离。

(三)功能的共性

造型与形态的功能基本一致。造型与形态都能不同程度地承载物体的某种功能,但在设计要求的引导下,两者往往各司其职。在材料的支持下,造型起着结构作用,在色彩的支持下,造型起着识别作用。如果材料一定,造型就决定了物体的大部分功能,特别是力学上的结构功能,其外部强度和内部空间也主要由造型解决。如果色彩一定,造型就决定了色彩的传播力度、识别强度。

二、造型与形态的差别

形态与造型也存在着区别。一般来说,造型偏重于外形的抽象表述,往往注重形的整体概括,研究物体或图形由点、线、面、体组合所呈现的外表形象,说明性、描写性比较突出。只要外形不变,大小、方位无论怎么变化,都可以视为同一造型。而形态研究的重点却在于通过外形把握其表现的形式,即由其特点导致出的观赏者所产生的心理效应。即便外形一样,但由于表现的不同,有时就会产生不同表情的形态。甚至于造型完全相同的东西,其形态特征也可能出现相差很大的区别。

(一)表征的差别

对同一事物而言,造型只是对物体的结构性描述,较少涉及或不涉及色彩与材质的关系。比如,当人们从造型角度描述太阳或篮球时,都会把它们说成是一个"圆型"。形态则侧重于物体的外在表现,加入了对物体的形、色、质的描述,比如太阳被说成是"火热的、明亮的、活跃的",篮球被说成是"跳跃的、活力的、滚动的"。

(二)内在的差别

如果把两者用形式和内容的内外关系来描述的话,那么造型是内容要素,而形态则属于形式要素。从设计的本质与表象关系来看,造型是一种本质,是对形态外形的一种比较抽象化的"白描",叙述着形的本源。形态是一种表象,是物体更为具象而现实的表现形式,描绘着形的表征。

（三）功能的差别

通常情况下,设计要求造型与形态做到功能上的一致,造型决定了功能。但是,在形态要素改变到一定程度之后,某个造型的原有功能会发生不同程度的改变。比如,两件款式一样的衣服分别使用了棉布或麻布,其穿着功能的差别并不十分明显;两个分别覆盖着胶合板或书写纸的同样大小的立方体,其功能之差别则显而易见;一个外部造型相同的手机将会因为表面材质不同而有不同的功能差别,以塑料外壳和金属外壳为例,两者在抗变型性、防辐射性、抗腐蚀性等方面上均有不同表现,可以满足不同用户对手机使用环境的功能要求。

三、造型与形态的相互影响

形态作为一切造型的外表表现,当造型要素上升到一定程度时,人们对造型的关注度将成为主要焦点,形态的作用就会降低。比如,在服装设计时,用弱化了色彩、图案、肌理等形态要素的白坯布做立体裁剪或初级样品,主要是为了解决服装造型在结构上的合理性和空间上的存在感,白坯布本身"没有特点"的特点大大地降低了作品在形态上的丰富性。这是由不同设计阶段所要解决的问题决定的。当形态要素上升到一定程度时,人们对形态的表现力提出较高的要求,造型的作用将被减弱。

第四节　关于造型设计

一般而言,"造型"这个词,在人们日常生活中属于普通用语。相对来说,"造型设计"这一词汇则是一个专业术语。

在现代社会中,随着科学技术的发展和人们生活质量的急剧提高,很多满足精神需求的职业应运而生。如新娘造型、插花造型、服装造型、建筑造型等。这些新型产业如鱼得水般在现代社会兴起和发展,唤醒了人们对这些产业的创造性工作结果更高层次的潜在消费欲望的追求,一个更新的产业——设计,随之诞生。在现实生活中,造型的概念被逐步淡化,作为经济发达国家先进文化标志的设计意识剧增,新娘造型设计师、游戏道具设计师、卡通人物设计师等时髦职业人物顺应社会潮流堂皇登场。

一、造型设计的定义

造型设计是指利用造型要素与造型规律,完成富有美感并能实际应用的新方案或新式样的创造性行为。造型设计也是完成整体形象的一个创造过程,涉及人文、地理、艺术、心理学、制造学和消费学等诸多学科知识,是一种要求能够及时把握国际最新流行动向的关于形态、形体的高级创造活动。

简而言之,造型设计就是关于造型的设计。设计是一个庞大的系统,其范畴大于造型的范畴,造型设计只是设计的分支之一。用"造型"界定"设计",明确了需要解决的问题,将复杂的设计问题进行了分解,把复杂问题简单化、环节化、部件化,使造型设计的研究对象更有针对性。

由于造型与形态的共体性,造型设计也必须考虑形态的内容。通常,人们把解决立体形态产品设计中的造型问题称之为造型设计。

在现代社会的服装、首饰、家用电器,乃至汽车制造业和建筑业界,人们习惯把造型设计简单地称之为设计。在服装业和首饰制造等时尚业界,人们还习惯把造型设计称作款式设计。相对来说,造型设计是比较学术的说法,款式设计是比较通俗的说法,两者没有本质上的区别。

综上所述,根据一定的目的要求,对某项工作或具体物体预先制定图样和方案,这就是设计。在这里,设计涵盖了整个图样、方案产生的依据、方法及其必须预测的结果。与造型相比,设计更富于时代性和挑战性。

二、造型设计的起源

笼统地说,人类的造型历史最早始于远古时期先人们的原始造物活动。奴隶制社会青铜器和农耕社会铁器的发明及其应用,都是人类造型活动发展中的里程碑,人类社会造型设计的历史篇章从此开始。当时的统治者和被统治者共同创造了辉煌的青铜造型文化和铁器造型文化。

工业设计始于19世纪的欧洲工业革命。伴随工业革命的开始,近代都市的出现,人类社会迎来了标准化、机械化的大批量生产时代,使设计从制造业中分离了出来,成为一种独立职业。传统手工业时代的作坊主和工匠既是设计者又是制作者,甚至还是销售者和使用者。工业革命后,从制造业中独立出来的设计,经过再分工,形成造型与功能设计两部分。设计师担任外观设计,而产品的内在功能则由工程师负责。设计在后来的发展中逐渐成为了一个专门学科。1877年,摄影技术发明后,人类社会进入大量复制时代。摄影对现实生活的逼真记录给传统写实主义艺术家们以莫大刺激和打击。为了摆脱传统写实主义手法的束缚,艺术家们奋力开创现代派美术。现代派美术的出现直接影响了艺术设计,设计开始从传统走向现代,现代艺术设计概念由此诞生。现代艺术设计的起源始于19世纪末,即英国工艺美术运动;从19世纪末至第一次世界大战,为现代设计的准备期;第一、二次世界大战之间的机械化时代是现代设计的青春期,它与现代都市共同发展;在经历了1929年的世界经济大萧条的洗礼后,现代设计更加合理化,并终于走向了成熟期。

生产方式的革命性改变促使社会的上层建筑等各方面发生改变。传统的一品化制作方式被工业化的大量生产所取代,各种新兴产业层出不穷。人们在满足物质财富享受的同时,对使用产品附加的精神价值提出了明确的高要求。

人类进入数字化的信息社会以后,我国各个领域的造型设计门类纷纷立足。单单教育界就开设了数十种之多的设计专业;在各行各业的开发管理职责中,设计师的地位得到了确定;在社会上,各种以设计为业的公司、事务所、开发中心更是把设计的芳香和温馨带至千家万户,而家喻户晓。

三、造型设计的特点

造型设计是工业产品设计领域中很重要的一个组成部分,是产品设计成败的关键。由于服装早已进入工业化生产阶段,因此,服装设计是工业产品设计的一个分支,服装造型设计自然也就具备了工业产品造型设计的特征。

商品市场有两方面的需求要素,它们构成了造型设计的原动力:第一,就是某产品以其特有的实用机能已经打开市场,并在相当普及的时候,或者说一种技术向另一种技术过渡的时候,要求造型设计师创造出更为时尚化的风格和外部视觉化的讯息,使消费者拥有一个又一个更加新颖的时尚产品;第二,就是消费者不受经济条件约束,其购买商品以表现自己的个性,满足个人情趣爱好为主,亦即由商品的附加价值为市场导向。这两种要素都要求产品设计必须具有独特的精神(既创造性)和本质(既形态)特性。

一般性的造型活动,可以具备以下三方面的特点:

① 造型是有机能的形态,由结构和机能共同组成。在此,造型即为能创造附加价值的有机体形态。

② 造型由形状、色彩、材料、质感等要素综合构成,强调整合后整体造型的形象意义,缺其一项不能成为造型。

③ 造型活动之理念内涵由展现在外的商品形态来传达,除造型外表是由形状、色彩、材质感等视觉领域所构成的美学因素外,还必须包括生产技术、经济成本、结构功能、协调整合和具有时代意义的消费者心理需求等很多层面。因此,产品与顾客必须透过形态进行沟通交流。产品的造型给予人的感官认知是因人而异的。越是易于沟通的产品造型越有深层的理念支配,也就越能博得顾客的心理共鸣。所以,工业造型设计的价值意义,其重点展现在整个造型活动的过程中,能让产品不断具有生命的法宝,便是不断更新产品的造型或款式。

在日常的立体、空间设计活动中,因涉及造型材料、结构及其加工制造以及使用安全等诸多方面工学上和技术上的可行性和制约性问题,在造型设计、形态设计或款式设计的同时,结构设计师彰显出其难于替代的作用,成为企业主异军突起的一支新的有生力量。

毋庸置疑,理想的造型设计理应担当内外形态的一体化设计,可实际工作中难尽人意之处却比比皆是。不管怎么说,在当今社会里,造型设计、形态设计和款式设计是个方兴未艾的新兴产业。造型设计师和企业的结构设计师一起,并肩担起了主宰企业命运及其品牌风格存亡的主要职责。

四、造型设计的准则

产品,是我们每个人日常生活所必需的用品和用具。产品除了供给我们使用外,也给予我们在社会发展过程中经济上和文化上的新启示。在设计实践活动中,造型设计有自身的准则,这些准则主要反映在以下几个方面。

(一) 产品造型与使用环境的和谐

产品所表现的功能和造型要对环境有互补性,以及在同一使用环境中做到与其他物体能够共融和协调。产品造型活动的目的是为了满足人们生理、心理的需求,因此设计必须把注意力放在与物体有关的特性和与人有关的特质这两个范畴,一个是纯技术性、物质性的特征,另一个特征则是产品的款式造型,而后者往往是左右好的设计的先决条件。

(二) 整体造型与产品功能的统一

产品造型设计与人性有关,而与人性有关的无外乎是由认知方面的符号、标识、整体性、规则性、拟人性等所决定,人们在使用过程中通过感知形式美学的原理和实际操作所得到的经验,从而又反作用于设计师。

（三）产品造型与操作功能的吻合

能够符合操作功能要求，能够充分表达产品和其附件的功能操作方式，符合人体工学要求，尽量降低操作的复杂程度。

（四）产品造型与信息传达的统一

高品质的产品造型能够表达明确的造型原则，明确的外形体积、尺寸、色彩、材料和视觉指标等，力求准确无误地传达给消费者。

（五）产品造型与设计风格的独创

在形式风格上，应该保证具有独创性，应该尽量避免雷同。

（六）产品造型与审美心理的趋同

造型形态能激起人们心灵上的共鸣，整体的表现能唤起使用者的兴趣、好奇和愉悦感。

（七）产品造型与社会责任的关联

产品在材料的选用、生产时和将来报废回收处理上，要考虑对生态环境的影响。

（八）产品造型与消费文化的贴切

在造型设计中，还应考虑消费心理因素，产品的第一印象以可信的"设计语言"将信息快速传达给消费者，造型设计师应投以更大的关注理解科技文化与人类身心的思考，研究产品本身相关的文化与研究使用者的心理因素并重。合理解决好消费者所面临的各种可能出现的心理障碍，合理反映和处理解决其行为及心理需求。好的创意设计均能合理把握、处理人的心理及生理反应，把美的形式法则与功能有机地结合起来，使形式追随功能，创造出使人产生共鸣的好产品。

五、造型设计的步骤

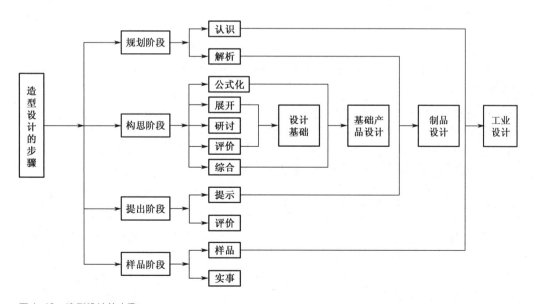

图 1-19　造型设计的步骤

造型设计步骤如图1-19。从图中可以看到,在进行设计构思及展开的过程当中,造型基础发挥着重要的作用。例如草图、效果图、模型以及评价能力等,这些技术与绘画是有区别的。草图是指在设计初期要求迅速地将造型构思表现出来,不但设想外形,而且要思考构造,将看不见的或内部的有些结构表现出来,必要时还要加上文字说明。产品的效果图并不讲究线条的流畅和艺术的味道,却追求造型的整体形象和结构,即要能全面而且准确地表达出设计构思的意图,而不仅仅只是件观赏的艺术作品。同时造型设计与其他要素是紧密相联的,如果设计人员的造型能力很差,那么必然无法准确地表现出创意的方案,当然也是难以胜任设计工作的。

本章小结

当服装造型作动词解时,它的意思是"通过符号把关于对服装造型的计划表示出来",即将想象中的意图现实化。设计师在造型活动过程中可以通过借鉴、学习现实形态,以其为灵感来源,以概念形态的基本型为单位进行拆解和聚合,进行放大、缩小和变形等处理,以产生自己需要或者向往的服装造型。设计师观察研究现实形态时不仅是观其外形,还可以在机能与形态、构造与形态、形态与色彩、形态和材质的关系等方面学到很多东西。服装是立体的,组成服装这一立体的点、线、面反映在三维空间中即是服装的立体造型,反映在二维平面中的剪影即是服装的廓型。廓型也就是着衣者的整个平面形状,其高度概括简明,抛弃了各个局部细节、具体结构,充分显示了服装的大效果,展示出服装作品的主题和风格,反映出服装的个性。同时服装的造型设计中,线与面,面与体,前与后,上与下,左与右,虚与实,重复,穿插,回旋的组合赋予服装的生命和情感。

思考与练习

1. 谈谈造型与形态两者的异同。
2. 概念形态的点、线、面、体是否可以继续细分?
3. 如何理解实用功能的造型是物与物之间的关系。
4. 分析现实形态中的自然形态对于造型活动的启示。

第二章

服装造型设计概述

　　自然界的生命种类万千、形态各异,世界正因为有了它们,才变得更加的美丽多姿。但其中大部分的物体只能永远保持它们自身的形态和色彩,唯独只有人类才能主宰大自然,按照自己的愿望、理想和需要,运用自身的智慧和双手,通过服饰的穿戴和装扮,不断改变自己着装的视觉形象、空间形态和审美效果。服饰是社会人区别于自然人的一种外在表现形式,服装造型就是设计师借助于人体以外的空间,用面料特性和工艺手段,去塑造一个以人体和面料共同构成的立体着装形象。服装造型设计侧重于艺术创作,其目的是使所设计的服装既充分表现设计者的创作理念,又符合流行潮流,充分表现出服装的形式美和内容美。造型设计的优劣,直接关系到服装设计作品的成功与否,在服装设计中占有非常重要的地位。随着时代的发展,服装的造型设计已经进入到了被人们空前关注的时代。

第一节　服装的特征

服装是人类文化的一个组成部分。从古至今,人类为了适应不同的自然环境和社会环境,经营和培育了服装文化。广义的服装是指一切可以用来装身的物品;狭义的服装是指用织物等软性材料制成的生活装身用品。服装是一门综合性的艺术,体现了材质、款式、造型、图案、工艺等多方面的美感,也体现了艺术与技术的整体美学结构。服装款式的造型与形态的塑造、面料的质感以及色彩的搭配,都能表达出各种服装的使用功能和装饰功能,而服装的制作技艺则是使这种使用功能和装饰个性得以完美显现的至关重要的手段,确保服装在其内涵气质与外观风貌上,体现其特有的艺术形象感和美学意趣。

图2-1　欧洲巴洛克时期x造型女装

一、服装的物理特征

(一)设计特征

1. 造型特征

服装设计作为视觉艺术的一门分支,外形的轮廓给人们留下深刻的印象(图2-1)。在服装整体的设计中,服装款式的变化起着决定性的作用。由于人体的体型限制,服装外形的变化也受到了一定的限制。但是纵然服装的外部造型千变万化,都离不开人体的基本形态。服装造型设计师应对"型"具有敏锐的洞察能力和分析能力,从而预测并引导未来的流行发展趋势。

2. 色彩特征

服装色彩是外观中最引人注意的因素,服装色彩给人的印象、感受,主要是由色彩的基本性质决定的,即色相、明度、纯度(图2-2)。人们对色彩的反映是非常强烈的。因此在服装设计中,设计师对于色彩的选择与搭配,既要充分考虑到不同对象的年龄、性格、修养、兴趣与气质等相关因素,还要考虑到在不同的社会、政治、经济、文化、艺术、风俗和传统生活习惯的影响下,人们对色彩的不同情感反映。因此,服装的色彩设计应该是有针对性的定位设计,色彩搭配组合的形式直接关系到服装整体风格的塑造。

图2-2　耀眼的蓝紫色调成为服装最醒目的亮点

（二）材料特征

1. 面料特征

面料是服装制作的材料,服装设计要取得良好的效果,必须充分发挥面料的性能和特色,使面料特点与服装造型、风格完美结合。柔软型面料一般较为轻薄、悬垂感好,造型线条光滑,服装轮廓自然舒展。在服装设计中,常采用直线型简练造型体现人体优美曲线(图2-3)。挺爽型面料线条清晰有体量感,能形成丰满的服装轮廓,可用于突出服装造型精确性的设计中(图2-4)。光泽型面料表面光滑并能反射出亮光,具有熠熠生辉之感,最常用于夜礼服或舞台表演服中,造型自由度很广,既可有简洁的设计,也可有较为夸张的造型方式。厚重型面料厚实挺括,能产生稳定的造型效果。其面料具有形体扩张感,不宜过多采用褶裥和堆积,设计中以A型和H型造型最为恰当。透明型面料质地轻薄而通透,具有优雅而神秘的艺术效果。为了表达面料的透明度,常用线条自然丰满、富于变化的长方形和圆台形进行设计造型。

图2-3 柔软型面料充分展示女性优美曲线

图2-4 挺爽型面料充分展示服装轮廓造型

2. 辅料特征

作为服装材料的重要要素之一——服装辅料与服装造型之间也存在着密切的内在联系。一方面,辅料是服装设计的表现工具,服装设计师必须依靠各种辅料来实现自己的构想。良好的造型与结构设想需要通过相适应的辅料才能得到完美体现(图2-5)。另一方面,当代服装多元化的发展趋势对服装辅料提出了新的要求,服装思潮的变化推动了辅料的创新。面料是服装设计的第一语言,而辅料则是服装设计中的点睛之笔。服装设计不是单纯的主观意识上的设计问题,而是设计创意、面料和辅料的完美结合。辅料本身也是形象,设计师在材料的选择和处理中必须保持敏锐的感觉,捕捉和体察辅料所独有的内在特性,以最具表现力的处理方法,最清晰、最充分地体现这种特性,力求达到设计与辅料的内在品质的协调与统一。

(三)制作特征

1. 结构特征

服装结构设计是服装设计的重要组成部分,是造型的延伸和发展,同时也是工艺设计的前提和基础。服装结构细致分解的平面衣片,通过工艺设计手段,达到立体形态的服装款式造型,只有三者有机的结合才能完成最终的服装设计目的。服装结构设计的目的在于将设计理想变为现实,运用服装结构的基本理论,进行服装结构设计并制作出工业用样板,实现成衣工业化生产中的样板制作与排板。

2. 工艺特征

服装工艺是服装从构思设计到成品体现的一个必要环节,是服装设计从平面图纸到三维造型形态得以完成的重要手段,也是影响服装造型的重要因素之一。通过工艺手段可以使服装造型更加适合人体,展示个性。服装工艺手段包括测量、打板、车缝、熨烫等一系列裁剪、缝制与加工程序。在工艺制作中,操作技术是非常重要和复杂的,必须按照不同款式的要求选用不同的服装材料,对打制的板样进行科学细致地排料、裁片、缝合,技术的熟练直接影响作品的完美程度(图2-6)。

图2-5 由珠片点缀的小礼服

二、服装的精神特征

(一)审美特征

服装是一门综合性的艺术,它离不开艺术的某些特征,作为艺术与技术的产物,两者协调统一,就能充分展现服装在材料、造型、款式、工艺等多方面的美感,从而使服装在外观和内涵上具有其特有的艺术形象感和美学意境。审美作为一种意识通过人这一载体,在服装审美上表现得尤为明显。人们对服装审美活动的

图2-6 周身完美缝缀各色珠片的胸衣

意识包含在人们对服饰的选择、试穿和评议等一系列的活动中,从而得出审美的结果。随着生活品位的不断提高,人们不仅追求服装款式、色彩、材质、配饰之间的合理搭配,更加倾向服装与

个人形象、气质的和谐统一（图2-7）。服装设计的风格呈现多元化，人文艺术具有多样性。当前服装流行色也更加注重个性，强调自我，服装的审美标准也就趋于多元化。

（二）象征特征

　　服装设计语言在一定的文化背景驱使下，呈现出不同的象征意义，其中包括民族的象征、集团的象征、地域的象征和品行的象征等。在我国，早在秦汉以前已经开始出现冠服制度，以后又逐步完备。帝王将相的官服往往成了权力的象征，代表了一定的尊严和社会地位，神圣不可侵犯。服装是一种符号，人们通过这种符号来表达自己。人们之所以用服装来代表不同的身份、地位、职业，是因为服装的款式、材料和色彩等可以按照人们的意愿创造性地进行设计，这样就能够将不同服装之间的差异性体现出来。服装标识功能的实用性在现代社会中尤为突出，这是因为它能区别各种不同职业。职业装的诞生大大促进了企业员工把自己的形象与职业、集团的形象联系在一起，增强了工作中的劳动热情和荣誉感，从而有效促进了部门之间、集体之间、个人之间的竞争与发展；学生们穿上校服，整齐划一，除了能起到标识作用，还有助于学生学习时集中思想，增强团结。

（三）风格特征

　　对服装设计而言，设计的风格不仅是设计师的个体精神特征，而且是设计师个人的思想感情和自我追求（图2-8）。服装设计风格是指设计的所有要素——款式、色彩、材质加上服饰搭配，形成的统一的、充满视觉冲击力的外观效果。服装的风格特征是由多个设计元素共同体现出来的，而设计元素是构成服装风格最基本的单位，一般包含造型元素、色彩元素、面料元素、辅料元素、图案元素、部件元素、装饰元素、形式元素、搭配元素、配饰元素、结构元素、工艺元素。服装风格的多元化是当代设计与审美的一个显著特点，服饰艺术既要从自然界、历史和传统中去寻找温馨的人情味，又要借助现代高科技的手段，用前瞻的

图2-7　和谐统一的整体形象设计

图2-8　舒适随意的休闲风格

视野表现对未来世界的无限畅想。作为现代服饰艺术的诠释者,只有对多元的审美意向持有高度的敏感性,才能创作出令人惊喜又耐人寻味的作品。

三、服装特征与服装造型的关系

(一)造型是产品的空间架构

在服装产品的设计推广中,造型往往成为设计师系列分类的一个切入点。不同的外部廓型设计以及内部细节造型,都会成为设计师作品创作的出发点。对于造型的思索和斟酌,是整件服装设计中最浓重的笔墨,它对最终设计效果的呈现起着直接的制约作用。各种廓型的单品上下、内外的穿插搭配,都会展现出完全迥异的视觉效果,丰富和活跃着整体的设计环节(图2-9)。服装内部的细节造型既是整件作品的画龙点睛,又能成为系列拓展的统一延伸,使系列作品从整体上更加具备一致性和完善性。因而,服装的造型设计是系列产品中的基本骨架,是设计师空间架构的基本要素。

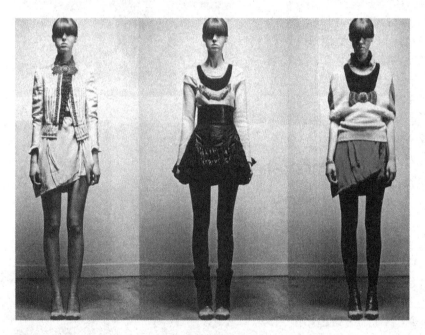

图2-9 系列产品中的造型设计

图2-10 2010年流行的倒三角形裤装

(二)造型是流行的主要内容

追溯20世纪以来的服装流行史,我们可以发现造型是流行的主要内容,如20世纪50年代流行帐篷形,60年代流行酒杯形,70年代流行倒三角形,70年代末80年代初流行长方形,以及近年来流行宽肩、低腰、圆润的倒三角形等(图2-10)。所以,设计师应对造型保持敏锐的观察能力和分析能力,从而预测出或引导出未来的流行趋势。服装造型元素与每一时代社会的流行热点息息相关,很大程度上受到流行的影响和制约,风格迥异的服装在造型上也会产生很大的变化。在对服装各种的流行元素如色彩、图案,造型、结构、材料、肌理、妆容、发型、配饰等加以识别与分析后,我们发现服装的流行正是通过这些流行元素一一诠释出来。因此通过对流行元素的学习,能够掌握流行服装的设计方法,加强造型创意中的关联性与创造性。

(三)造型是制作的参考依据

　　服装设计与其他设计不同,它的制作表达大多是直接影响并表现于设计作品的外观形态之中,制作美是服装美的一个重要方面,是服装美的外在表象之一。在服装设计的评价标准中,制作精良,符合人体和人体的机能性要求,并美化人体形态,是服装设计的重要评价标准,也是消费者选择服装的重要标准。同样的造型、材料,因制作处理的差异,也会导致完全不同的风格效果(图2-11)。制作处理手段的多样性使设计的语言更加丰富,世界名品服装,无不在制作以及人体机能性等方面品质出色。制作美是名牌征服消费者的利器之一,因此,制作并表现美是服装设计活动的重要组成部分。

图2-11　制作是服装造型的外在表象

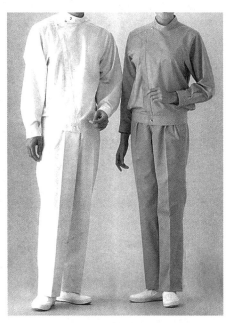

图2-12　具有防护功能的职业装

(四)造型是机能的实现工具

　　狭义上的服装功能就是指服装的机能性。服装机能性包括了服装的一系列功能,如防护功能、储物功能、健身功能、舒适功能等(图2-12)。任何服装在设计时都有其具体的设计要求和设计目的,尤其对于实用服装设计来说,服装功用的技能美是设计的一个重要方面,许多服装在设计时必须坚持机能性第一的原则。造型设计与服装机能的关系在造型美的众多关系中,显得尤为重要和突出,即使服装的造型再怎么新颖奇特,离开了一定内容的服装机能,便有可能会变得毫无美感可言。因此千变万化的造型不能远离服装机能的约束。

第二节 关于服装造型设计

日常生活的每一天,离不开衣食住行,从其排列的顺序,足以可见衣在我们生活中的重要作用。而服装的造型首先就能从外观上带来崭新的视觉变化,给人以完美的形象展现。时尚流行的服装也正是基于个性的理念,更加注重款式造型的设计。消费者可以通过对服装款式的选择,将自己塑造得更加美丽而具有自信。所以,服装造型在现代的服装设计中起着非常重要的作用。服装造型主要是通过服装各个局部的不同变化与整体设计的组合,产生独特的服装外观形式。在各个局部的造型中,围绕着特定的服装对象——人,进行构思和设计,在固定的人体中寻找出千变万化的造型设计。在这些服装的造型中,通过美学原则的应用和处理,创新设计出变幻的、为大众所喜爱的服装造型。为社会发展所用、为市场发展所用、为不断经济发展所用,这也就是服装造型设计重要的意义所在。

图2-13 呈现倒三角廓型的服装造型设计

一、服装造型设计的定义

服装造型就是借助于人体以外的空间,用面料特性和工艺手段,塑造一个以人体和面料共同构成的立体的服装形象。从广义上讲,服装造型设计包含了从服装外部轮廓造型到服装内部款式造型的设计范畴。但在一般情况下,服装造型设计更倾向于服装的外部设计,即服装的外部轮廓造型设计(图2-13),而服装的内部款式造型,则常常称之为款式构成或款式设计。

二、服装造型设计的特征

(一)整体风格的统一

服装造型的设计与服装的色彩、材质等设计要素紧密相连,相辅相成,共同塑造着设计师的创作与追求。同时,又是整个设计过程中最具突出个性的服装设计要素。在作品中,造型的表现往往成为观者最为瞩目的视觉焦点。

(二)时代风貌的折射

服装的发展历程大多表现在服装造型的变化上,如一直作为古典女装传统造型、二战后又被迪奥重新演绎隆重推出的X型;20世纪20年代开始流行的H型服装;女装男性化的20世纪80年代流行的T型服装等。不同的造型设计极为深刻地演绎了时代的变迁和发展(图2-14,图2-15)。

(三)色彩、材质的融合

几乎每个历史时期都能够找出代表性的服装造型,而每个时期的服装造型都与色彩和材质很好地结合到了一起,成为对当时政治、经济、文化和社会状态的直接反映。不同的材质在廓型塑造上有着不同的特性,设计师对面料和色彩的娴熟把握,定会使造型设计更加锦上添花。

图 2-14　二战后迪奥隆重推出的 X 型女装

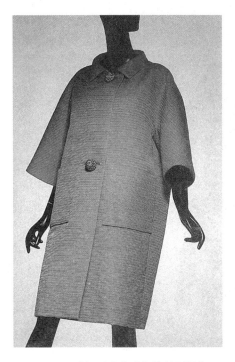

图 2-15　20 世纪 20 年代流行的 H 型服装

三、服装造型设计的构成

(一) 创造性

　　社会的发展,人类的进步,都是不断创造的结果。创造来源于人们对客观现实的不满足而产生的某种需求,促进着人类向高级智慧的发展。人类思变求新的本性,为服装设计提供了无限的创造空间,创造设计即为服装设计的根本前提。在服装设计中如果全是模仿,没有新意的话,那就彻底失去了设计的需要,更不会被人们所接受。而服装设计要想具有创造性,设计师就必须围绕消费者的需求心理,充分发挥想象力和创意思维,运用突破性的构思、独特的表现形式、崭新的技艺,精心研究,巧妙设计,使设计作品前所未有、富有新意(图 2-16)。

(二) 适用性

　　服装具有实用价值和装饰功能。服装生产的最终目的是为了满足人们的穿着,给人以舒适和美的享受。服装作为一种商品,只有消费者最终的购买才能实现其自身价值。因此,服装设计一定要把服装的美观适用、

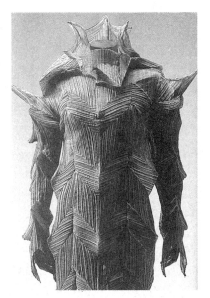

图 2-16　日本设计大师三宅一生的作品无论从造型还是材质上都具有很强的创造性

功能齐全作为根本出发点(图2-17)。为此,服装设计师必须认真分析消费者的心理,根据各类人群的需求设计各种服装,使服装产品得到人们的认可、社会的承认,不断造就出新的服装消费市场。

图 2-17　服装的美观适用、功能齐全是设计的根本出发点

图 2-18　通过色彩搭配表现服装的艺术性

(三) 艺术性

服装是美学和工艺学的结晶。服装不仅是人们生活的必需品,也是一种艺术品。所谓艺术性就是指设计精巧、美观、适用,体现艺术性和适用性的完美结合,能最大限度地满足人们追求美、享受美的需求。因此,服装设计师一定要充分了解消费者的审美观念和审美情趣,按照艺术准则来设计各类服装。例如,款式恰当,与穿着者的具体条件和环境相适应;色彩入时,既适应时代潮流,又符合一定的环境要求;搭配完美,能与具体的人、用途和环境相适应(图 2-18)。

(四) 时代性

服装是反映社会经济发展水平的重要标志,大多带有时代的烙印和特点,不同的时代有不同的服装时尚(图 2-19)。因此,服装设计一定要具备鲜明的时代感,能够与时俱进,充分反映时代的精神风貌,塑造时代的鲜明形象。力求在服装的款式、结构、色彩、面料、工艺、装饰等方面,体现出与之相适应的风格特征,并符合时代的潮流,具有

图 2-19　二次世界大战后迪奥的 NEW LOOK 造型

感人的魅力,适应并推动新形势下的变化和发展。

(五)超前性

随着社会经济的发展,生活质量的提高和人类文明的进步,人们对服饰的要求越来越高,面对多姿多彩的世界潮流,对服装的审美和需求瞬息万变。要适应和跟随这种变化发展的趋势,就要求我们设计的服装不仅要有时代感,而且还要有一定的超前意识(图2-20)。

四、服装造型设计的风格

风格是指艺术作品的创作者对艺术的独特见解和与之相适应的独特手法所表现出来的作品的面貌特征。服装设计属于造型艺术的范畴,同所有的造型艺术形式一样,通过色、形、质的组合而表现出一定的艺术韵味,服装造型风格就是这种韵味的表现形式。好的服装作品就是一件造型艺术品,有自己的风格倾向和涵义。

图2-20 日本女设计师川久保玲设计的服装永远引领着潮流的先锋

(一)硬朗风格

硬朗风格的线形挺拔、简练,直线居多,弧线极少,面造型和体造型较多,面造型较大,零部件较为夸张,装饰极少,所用材质比较厚实硬挺(图2-21)。

(二)柔和风格

柔和风格的服装线造型多,线条密而柔软,以曲线居多,细褶密集,体造型相对较少,装饰多而细致,零部件设计精致细腻,所用材质柔软且悬垂性佳(图2-22)。

图2-21 硬朗风格

图2-22 柔和风格

（三）严谨风格

严谨风格的服装以面造型为主，线造型用的较少，线形简练，弧线居多。结构紧身合体，讲究细节处理，服饰配套到位。所用材质精致且富有弹性（图2-23）。

（四）松散风格

松散风格的服装多用体造型和面造型结合，A型或O型廓型居多，造型自然宽大，线条多而曲折，装饰较为随意，零部件外露。所用材质粗糙疏松（图2-24）。

（五）简洁风格

简洁风格的服装线性流畅自然，结构合体，整体造型上呈直线形，零部件较少且布局新颖别致，强调面感造型，基本不用体造型，对比减弱。所用材质适用面广（图2-25）。

（六）繁复风格

繁复风格的服装较多使用体造型、点造型，线形以短、硬居多，分割线复杂，局部造型多变而琐碎，设计元素对立，附件多，装饰复杂。所用材质多为硬性和反光材料（图2-26）。

图2-23 严谨风格

图2-24 松散风格

图2-25 简洁风格

图2-26 繁复风格

第三节　服装造型设计的原则

服装造型就是借助于人体以外的空间,用面料特性和工艺手段,塑造一个以人体和面料共同构成的立体的服装形象。无论服装造型设计的目的是表现人体体态还是改变人体体态,其最终的宗旨都是形成美观新颖的视觉形象,但是作为实用性的产品设计只是单纯追求视觉上的唯美是没有生命力的。服装造型设计必须在美观的同时满足人体在功能性、舒适性等其他方面的需要,才能够成为真正完美的作品而得到穿着者的认可。

一、机能性原则

服装穿着在人体上要随着人体一同做各种活动,如行走、坐卧等,如果服装的造型单纯地追求某种静态美,而忽略了满足人体活动功能的需要,那么这种服装造型就失去了实用性而可能不被人们普遍接受。例如,为了强调腰臀部位的曲线而使直筒裙的下摆过分地收紧,就会阻碍人体的正常行走。20世纪初期流行的霍布尔裙之所以被称为"蹒跚裙",就是一个典型的美观性与功能性相矛盾的例子。如果把时间再向前推移,在洛可可时期,女性被鲸骨、铁丝等填充物撑起的硕大裙撑不要说难以坐下,就连穿过一道正常宽度的门都有困难,而且这样的服装是无法适应现代社会多变的、快节奏的生活的,也难以被现代的人们接受(图2-27)。

图2-27　洛可可时期被鲸骨、铁丝等填充物撑起的硕大裙装

二、流行性原则

服装在空间的整体轮廓及内部的构成形态,是服装设计的核心之一。不同时期的造型随着流行的改变而有所改变,一般来说以20年为一个大周期,每次重复流行中的外型和细节只是稍有不同而已(图2-28)。设计师应对流行元素——"型"的解析与运用保持敏锐的观察能力和分析能力,并从中

图2-28　诞生于20世纪60年代的超短裙曾几度循环流行

预测或引导出未来的流行走向和趋势。服装流行的造型元素总是与社会流行的热点资讯息息相关,在各种各样的流行思潮推动下,风格各异的服装造型也孕育而生,并在风格表现上独树一帜。

三、材料性原则

面料是服装造型的物质基础。服装造型设计的程序和其他的造型艺术一样,当设计方案确定后,就要着手选择相应的材料,并通过一定的工艺技术来加以体现,使设计构思转化成设计产品,即完成设计的物化的过程。材料对于服装设计师而言,有如音乐家的乐谱、画家的画布、作家的纸张一样,具有着最基本的重要性。面料是服装造型的基础,它为服装造型设计做好了充分的技术准备工作,使服装设计在有物质条件的基础上得以实现,离开材料谈服装无异于纸上谈兵(图2-29)。

四、制作性原则

服装设计作品的构思过程和制作过程具有互动的作用。人的思维活动想象的图像和依据其制作的三维实物之间往往是有差异的。制作过程常常受到客观条件的限制,而设计构思活动从理论上讲则是无所限制的,因此两者之间存在着差异性,制作活动对构思活动起着一定的制约作用。设计师需要对服装的造型、色彩、材料,分割的大小比例、高低位置,制作处理中的曲直、软硬以及人体机能性等的效果进行周密的思索,并在制作过程中不断修正、改进、完善,使设计的原创构想进一步完善(图2-30)。另外,设计构思与制作表现中的差异,在其解决的过程中,也常常成为新的构思"源泉"。很多情况下,设计师在制作过程中或从制作经验中获得了灵感,进一步改善和丰富了设计。所以说,制作的过程也是一个再设计的过程。

五、经济性原则

在现代社会中,服装不仅仅是用来御寒避暑的工具,更已成为代表经济水平和文明程度的重要标志。经济是社会生产力发展的必然产物,是国家政权的基本保证,也是服装流行消费的首要客观条件。社会经济环境反映了一种生产关系,直接影响到服装的流行趋势与

图2-29 植根于材质基础之上的造型会取得事半功倍的艺术效果

图2-30 服装制作的过程是一个对原创构想进一步完善的过程

消费倾向。经济条件的高低直接制约消费者的购买能力,因而购买能力不仅是对一个国家经济实力的客观评价,而且还是影响服装流行的一个决定性因素。因此,服装流行现象的发生和一个国家国民经济收入的情况之间存在着内在的必然联系。

六、审美性原则

服装设计的审美特质主要表现在服装中对形式美的追求上,审美性指的是服装设计作品中所包含的可观赏性因素。在服装设计的审美活动中,设计师和消费者是审美的主体,服装是与审美主体相对的,是审美主体欣赏的客观对象,称之为审美客体。审美主体能从美的对象中直观自身,在精神上获得一定的满足,并唤起自己情感上的愉悦。服装设计和其他的艺术一样必须通过展示的途径,借助一定的形式达到其审美目的。设计师不能单纯地去迎合大众的审美口味,应该努力去阐述自己独特的见解和视点,站在更高的层次上,为欣赏者提供高雅、健康而新鲜的美的信息(图2-31)。设计师必须具有一定的超前意识和创新观念,从而唤起欣赏者内心深处的潜在审美欲求,引发大家对美好事物的向往和追求。

图2-31 各元素高度协调下体现的服装审美性

七、舒适性原则

随着社会的发展,观念的转变,现代人在回归自然的呼声中越来越强调自我身心的放松,提倡舒适的、以人为本的生活观念。服装作为生活的必需品,不是要给人带来不必要的束缚和压迫,而是应该帮助人们享受更加完美的舒适和放松。所以,尽管服装造型千变万化,但是带来的身体上的轻松和愉悦,已经成为当今服装造型设计的一个重要原则(图2-32)。"以人为本"这一观念从服装造型的角度去理解,就是体现在应该尽量地让穿着者感到舒适,身体不要有被捆绑、被阻碍的感觉。

图2-32 舒适、自然、轻松的着装风格越来越成为时尚的潮流

第四节　服装造型设计的基础

　　服装是一门融经济、文化、美学、科学、信息、数学、造型、色彩、材料等因素于一体的综合艺术。合格的服装设计师必须具有丰富的文化基础、艺术底蕴、美学修养和设计才华,创作过程中通过造型和构思,将诸多因素协调于美学的法则之中,使服装造型万变不离其美学之宗。服装若不经过造型和设计,便无法满足人们的审美需求。服装的美包涵了材质美、色彩美、造型美,唯具有文化艺术修养和时尚审美意识的穿着者和观赏者,才能透过款款服装与设计师产生审美的共鸣。

一、对材料的认识

　　服装材料是服装的载体和服装设计的灵感源泉,一方面,材料是服装设计的表现工具,服装设计师必须依靠各种材料来实现自己的构想,良好的造型与结构设想,需要通过相应的面料材质与色彩才能得到完美的体现。另一方面,当代服装多元化的发展趋势对服装材料提出了新的要求,服装思潮的变化推动着面料的创新。设计师除了准确把握面料性能,使面料性能在服装中充分发挥作用外,还应根据服装流行趋势的变化,独创性地试用新型布料或开拓面料,创意性地进行面料组合,使服装更具新意(图2-33)。

图2-33　通过后加工处理丰富牛仔上衣的表面肌理

二、对色彩的认识

　　服装色彩是服装感观的第一印象,它有极强的视觉吸引力,因此色彩在服装设计中的地位是至关重要的。人们对服装的印象首先是颜色,其次是造型,最后才是材料和工艺问题。服装色彩是一个很复杂的问题。客观地讲,任何一种颜色都无绝对的美和不美,只有当它和另外的色彩搭配时产生的效果才能评价成美或丑。在设计中,色彩搭配组合的形式直接关系到服装整体风格的塑造。一般情况下,赏心悦目的、给人以快感的并与周围环境协调的色彩就可以理解为完美的色彩。当然,还要具有强烈的艺术魅力和明确的思想性,并能充分表现出生活的机能(图2-34)。

图2-34　热情奔放的红色能给人带来强烈的视觉冲击力

三、对样板的认识

　　服装样板设计中首先要考虑的就是款式的造型因素即美感。样板设计应注重服装中各个点、线、面之间的关系,能巧妙地将这些关系与人体结构相结合,并且要尽量避免造型设计与样板设计相分离的现象(图2-35)。一些服装款式造型虽视觉效果堪称优美,但却在结构上存在严重的不合理因素,或是只考虑结构方式的可行性而忽略了造型的表现,在设计上局部分割凌乱,大小比例失调,服装也因此丧失整体美感。所以,成熟的服装造型设计应建立在对样板充分认识的基础上,也只有这样,好的造型创意才能得到完整的表达和体现。

图2-35　娴熟的板型设计可以更加完善服装的造型表达

四、对工艺的认识

　　造型要素虽然是服装设计的基础要素之一,但工艺要素也会对服装产生一定的影响。服装的造型设计不仅要符合唯美、时尚、个性化的要求,同时还必须考虑工艺缝制上的可操作性和工业化、经济化的要求。近年来,装饰工艺以其浓郁的民族特色、独特的装饰效果、丰富的表现手法为越来越多的人所喜爱。刺绣、装饰缝、蕾丝、毛皮、镶边等各种装饰工艺手法在服装设计中的运用,更是给服装锦上添花,极大地丰富了服装设计的手法和内容(图2-36)。

图2-36　装饰缝与荷叶花边的处理成为造型的精华

五、对人体的认识

　　无论服装怎样创新改变,造型的构思和设计都必须以人体为核心和载体而进行。服装造型的各种形式,都不能脱离人体的本身。例如造型设计上最普遍强调的脖子和腰节,这两部分是人体最重要的部位,也是人体扭动的关节点、衣服的支结点,所以无论是高领、低领还是束腰、松腰,其造型的形态都是根据这些部位为基本型,彼此组合而成的,其目的就是为了加强人体的动向效果和穿着舒适性。从着装的美学目的性中我们也可以发现,人们穿着服装很大目的是为了表现人体体态的优美、掩饰人体体态的不足,通过服装来达到改变人体的自然体态,达到装饰美化的实际效果(图2-37)。

六、对功能的认识

　　追溯服装的起源,人类的祖先为了在自然界中避免遭受其他物体的伤害,想方设法包裹自己的身体部位,以求更好地生存下去,这就是今天衣物的雏形,驱寒遮羞都是服装功能性的最初表现。服装具有在不同环境中满足人体生理需要和活动要求的实用功能,它源于人类的生存需要,通过衣物的服用,使生活和行动更加的便捷舒适。所以说服装一方面具有满足人类生理卫生方面的实用性。另一方面,服装还适应、促进了人类生活行动方面的需求。职业服、运动服、休闲服等都具有较强的实用功能性(图2-38)。

图2-37　通过服装来达到改变人体的自然体态已然成为当代女性择衣的标准之一

图2-38　防护服在功能性的需求下也注重与时尚的结合

本章小结

　　服装造型设计在服装设计中占有至关重要的地位,其艺术特色的实现既有内外造型的相辅相成,又有色彩、面料、制作结构工艺等的综合展示。各种要素相互调和与统一,最终构成了服装造型视觉上的新境界。因此在进行服装造型设计时,我们不但要了解服装造型设计的概念、特征、构成,更要把握好其设计的原则与基础,充分了解人体、面料、结构工艺、色彩流行等方面的前沿知识,并将其综合运用于服装造型设计当中,使服装造型设计的艺术风格体现在服装作品的诸要素中,即表现为设计主题选择的独特性,又表现为色彩表现手法运用的独到性,还有面料选择运用的独创性,以及塑造形象的方式和对艺术语言驾驭能力的创新性。使服装造型设计充分表现设计者的创作理念,又符合流行潮流,充分表现出服装的形式美和内容美,并成为服装设计科技性、舒适性、时尚性表达的重要载体。

思考与练习

　　1. 简述服装特征与服装造型之间的关系。

　　2. 服装造型设计的基础与原则包含哪些?

　　3. 试从"以人为本"的角度分析服装造型设计的要点。

　　4. 分析服装造型设计对服装整体风格的表达起到何种作用?

　　5. 寻找一款服装廓型变化较为丰富的服装,分析其廓型是如何通过工艺、色彩、面料等要素得以实现的。

第三章

服装造型语言的文法

　　语言是什么？伟大的革命导师列宁曾经说过"语言是人类最重要的交际工具"。人们借助语言来进行彼此之间的交流,保存和传递人类文明的成果。语言是一个民族的重要特征之一,是行业进行文化传递的媒介。而文法又是什么？文法是一种法制和法规,是文章的作法和语言的结构方式。在服装设计的创作过程中,设计师通过服装这种特有的语言寄托自己的情感,阐述自己的思想。服装造型语言中的文法是设计师在探求一种设计表现的规律和方法,希望能够更加完善地体现出对作品的设计构思,达到自己理想的创作初衷。服装设计是以人体为中心,以面料为素材,以环境为背景,通过技术和艺术手法,将设计者的构思转化为成衣实物的一种创造性活动。服装造型决定着服装的风格、品位,制约着穿着者的艺术形象。一件完美的服装造型是服装的功能性与装饰性的有机结合,是服装的总体廓型与局部结构、款式与色彩、面料所组成的统一的理想的整体。

第一节 服装造型美的构成

法国印象派大师莫奈对绘画艺术的构成,曾经有过这样精辟的论述:"整体之美是一切艺术之美的内在构成,细节现象最终必须依附于整体。"可见,整体性是一切艺术(当然包括服饰艺术)的根本法规,也是一切艺术审美价值的一种内在机制。服装美的表现形式除了包括材质美、色彩美、造型美和制作美之外,促成服装美的因素还有配饰美、姿态美和化妆美。人的思想意识和心灵,是构成一个人内在美的重要内容,同时,内在美还有一个不可缺少的因素,那就是气质,它是由一个人的言谈、举止、胸襟和气度等综合构成的。像关于"服装"一词所陈述的那样,从服装对人体的依附性这点出发,服装所体现的美感被分为四大类:服装的美、人体的美、着装的美、内涵的美。

一、服装的美

作为物品的服装一般都具有自身独立的美感。例如戏曲中旦角的水袖,为了展现水袖美感的艺术魅力,服装师和演员在各自的表现范围内各显神通,施尽功夫(图3-1),这样的例子在我们的生活中举不胜举,比比皆是。服装的美,是各个构成要素在以整体为条件的前提下,在服装上凝缩一体的表现。它要求每一位设计师在每一次的设计中,从开始时即注重把握作品的整体感,而把单个的要素置放于次要的、欣赏的位置。只有秉承这样的创作理念,最终的作品效果才会更加完善和统一。

图3-1 戏曲中旦角的水袖飘逸妩媚,展现出无穷的艺术魅力

(一)流行美

服装与流行之间存在着千丝万缕的关联。服装在流行期里因为得到众人推崇而变得越发美丽,但是过了流行期之后即开始呈现平淡无味的倾向。事实上流行的东西并非全属完美,沉醉于流行周期中的人们更多地具有一种盲从性,欠缺清醒理智的思索。人们对流行的东西往往给予极大的关注,简直像被施了魔法般的越看越觉得美,其结果必然导致对其造型产生出好感,最终将其纳入自己的服装风格。例如,在美伊战争打响的2003年,设计师纷纷推出了与战争相关的各类创作,使得全球再度掀起了军旅风格的穿衣风潮(图3-2)。在当今成衣主宰服装生活的现状下,选择与流行毫无关系的着装是非常困难的。但我们还是提倡仔细观察流行,不盲目跟从流行,将流行中的精华元素巧妙地运用到着装中,穿出个人的风格,才是最明智的穿衣原则。

(二)廓型美

服装廓型是款式设计的基础,它进入人们视觉的强度和速度仅次于服装的色彩,最能体现

图 3-2　2003 年爆发的美伊战争重新掀起了军旅风格的穿衣浪潮

流行趋势,以及穿着者的个性、爱好和品味,是服装造型设计的基础和根本,也最能体现服装的美感。服装的廓型,是根据人们的审美理想,通过服装材料与人体的结合,以及一定的造型设计和工艺操作而形成的一种外轮廓体积状态(图 3-3)。服装通过人体的穿着产生出三维的立体造型,进而传达和表现出设计的美感和追求。传统深衣这样平面的服装,在鉴赏时我们通常将其背部朝向正面,两袖平摊挂在衣架上,保持前部呈现打开的局面,这样展示出来的造型美感,与穿着时的效果大相径庭。由此可见,廓型的美感在于量感和轮廓,细节的廓型被整体的廓型与大小强烈地制约与左右。

图 3-3　强调廓型美感已成为当今设计师创作的主要手法

（三）材质美

　　材质通过对形体的支撑与表现,对服装的整体形象的塑造带来很大的影响。设计师缪西卡·普拉达（Muccia Prada）就曾经这样说过:"材料是设计师的灵感来源,是时装最终形成的关键"。在廓型与材质这两个因素上,设计师如果将一方面作为重点的话,对另一方面就会采取低调处理的倾向。如果在廓型方面很难进行较大突破时,设计师势必就会在面料的选择上绞尽脑汁、煞费苦心,肌理、质地、纹样、意韵等,甚至是表现的技法等方面都成了思索创意的切入点。在创作中材质通常是设计师首先思考的审美元素,一件成功的设计作品往往都最大限度地发挥了材质的最佳性能,创造出了符合流行趋势的材质外观和不同的搭配方式(图 3-4)。服装设计要取得好的效果,必须充分发挥服装材质的性能和特色,使材质特点与服装造型及风格完美结合、相得益彰。

（四）色彩美

在日常生活中,服装给人的第一印象就是色彩,人们往往首先根据服装色彩及配色来决定整套服装的优劣。服装色彩是服装设计中的一个重要方面,在服装美感因素中占有很大的比重。设计师可以采用一组纯度较高的对比色组合,来表达热情奔放的热带风情(图3-5);也可通过一组纯度较低的同类色组合,体现服装典雅质朴的格调。色彩是在服装中被强调的主要元素,不同的色彩及相互间的搭配能够使人产生不同的视觉和心理感受,从而引起不同的情绪和联想。色彩可以体现出季节感、轻重感、明暗感、收缩感、膨胀感,对于人类的情感给予巨大的影响和左右。服装中的色彩极少单独使用,大多以配色的形式出现,故而设计师对配色的方案显得极为关注。另外,色彩与面料之间也存在着相互的作用,不同的色彩要用不同的材质进行表现。服装色彩本身还具有强烈的性格特征,并且色彩的美感与时代、社会、环境等因素有密切的联系。

图3-4　多种材质的混搭极大地丰富了作品的细节而又保持在统一的整体之中

图3-5　大面积的强对比色彩使服装呈现出明快愉悦的风格基调

图3-6　呈怒放型花卉造型的上衣让观者对其完美的创新叹为观止

（五）技术美

服装是艺术与技术的完美结合,在服装造型设计的过程中,制作的工艺技术由始至终起着举足轻重的作用。随着各阶段技术的发展,廓型的塑造往往透过技术融于材质来体现,由此塑造出的美感也就呈现出千姿百态、变化无穷的绚烂局面(图3-6)。通过熟练技术制成的服装,就材质本身而言就更增添了一份美感。技术不仅塑造服装的整体造型,还创造了装饰性的各种技法。例如女装中常见的刺绣技法,通过设计师的巧妙运用,必然起着升华整套服装的视觉效果。

二、人体的美

人体自古以来就被绘画、雕塑作品奉为创作中的主题。历代作品中我们发现不仅丰满的女性体形很美（图3-7），像百济观音似的高挑纤细的形象（图3-8）也散发出无尽的光芒。其实，人体全身的比例最为重要，其次，脸部、手指、头发等部位和肌肤、举止、姿态等也是形成美感的因素和条件。

图3-7　丰满的女性形象

图3-8　纤细的女性形象

（一）体型美

从某种意义上讲，服装造型是以纺织物为材料在人体上所作的包装，故而人们又称服装为人体的"第二皮肤"。服装必须是为人体服务的，任何一件服装都是为了人这个主体而设计制作的。人是自然界中生命进化的高等产物，人体也是自然界中最优美的形象，人的各个肢体部位比例协调，以身体中心线为轴左右两边对称。男性肌肉发达，魁梧刚健，显示出粗犷、豪放的阳刚之美（图3-9）；而女性肌肉柔和，富有曲线，显示出秀丽、温韵的阴柔之美（图3-10）。但是任何优美的体型都可能会美中不足，这就需要穿着者通过服装的服用来进行修饰或掩盖，使之扬长避短，通过服装造型的手法修饰、弥补和美化，创造出理想的或接近理想的人体形态。

（二）身体部位美

人体中最强烈的、可以充分体现其个性和区分美丑的，应该说就是人的脸部了。脸部除了中心部位的五官眼鼻嘴之外，其他的器官细节也一同塑造着整体的印象。传说中具有倾国倾城姿色的埃及艳后，如果说鼻梁若低了3毫米的话，那么人类的历史势必也一定会随之发生变化（图3-11）。在对人体全身关注的同时，服装设计师会更多地表现出对身体部位的深层次塑造。

图 3-9　粗犷、豪放的男性阳刚之美

图 3-10　秀丽、温韵的女性阴柔之美

图 3-11　传说中具有倾国倾城姿色容颜的埃及艳后

（三）肌肤美

从古至今，肌肤美都被作为评判美女标准的首要条件之一。中国有句俗语"一白遮三丑"（图3-12），就是说一个人脸部即使有再多的缺陷，白皙的肤色也可以帮助隐藏瑕疵。但是，随着近年来健身运动的逐步推广,健康的小麦肤色成为了众人模仿追崇的标准(图3-13)。因此,在运动装与休闲装逐年盛行的风潮中,白皙的肤色便不再具有了绝对压倒一切的优势,健康、青春、自然、阳光的肌肤都可以成为美丽的代言。另外,肌肤美的衡量除了皮肤的颜色之外,还包括皮肤细腻的质感,包括柔嫩、弹力、光泽等美的因素。

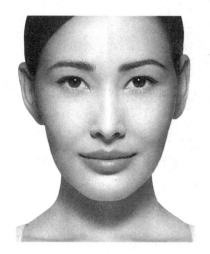
图3-12　传统的白皙肤色

图3-13　健康的小麦肤色

(四) 姿态美

服装造型是以人体为基础、围绕于人的形体的一种造物活动,与人体之间存在着密不可分的关系。作为具有生命力的人体必然伴随每时每刻、形形色色的动作,诸如从动态至静态变化时的姿势美。古往今来,多少画家和雕塑家为追求这种优美的姿态,而坚持着毕生不懈的创作努力。法国印象派人物画家、现实主义巨匠德加,就曾经通过芭蕾舞女演员来尝试捕捉这份美感,为我们后人留下了许多珍贵的作品(图3-14)。在日常的生活中,在许多动作与动作之间有不少静止的瞬间,那一瞬间的姿态往往最能够体现出人物的心态。因此穿着者在穿着服装后的言行举止,应时时体现文明的风范,突出服装的品位。尤其是女性在穿着经典和淑女风格的服装时,仪表姿态更应遵循优雅的原则,这些行为的表现对于服装的整体形象会产生直接而又强烈的烘托和影响(图3-15)。

(五) 动作美

生活中,有些人即使拥有着像羚羊般美丽的腿脚,但却行走缓慢,摇摇晃晃,缺乏健康、优美和舒展的动作表现,显然这样的人与美丽也是相背驰的。日常目睹有些人流畅圆滑的连续动作,让人陶醉于其中体现出的优美(图3-16)。例如,芭蕾舞出身的男女演员们,即使在舞台下他们也是伸直脊梁,姿态轻盈,给大家留下了极为深刻的天使印象;服装模特从走步方法开始接受训练的原因,也是因为观众是通过动态的美来感受着装的缘故。传统的时装发布会多数只是在舞台上,安静地出场展示一下服装就返回了后台。而近年来将舞蹈的元素采用进服装秀的形式也日益增多,通过强劲的节奏和欢快的动作,观者更能体会到依附于动态美之下的服装魅力(图3-17)。

图 3-14　德加《舞台上的舞女》

图 3-15　穿着经典风格的服装应伴有高贵和优雅的举止

图 3-16　印度瑜伽的优美动作

图 3-17　某国际知名牛仔品牌的新品发布会

三、着装的美

所谓着装美,即指服装与人体合二为一,并在其之上所体现出的超越各自的美,表现出所谓的第三美感。其实衣服也好,人体也好,不仅仅是各自独立的美,而是以人体为中心,根据着装,综合考虑适合其人的穿法、配饰、化妆等各个因素，以便作出正确的着装的选择。

（一）搭配美

随着观念的转变，现代人的着装更加讲究服装与饰品的整体配套美感。所以当前出现了形象设计师这样专门指导整体着装的职业。服装经人体穿着后便会进入着装状态，构成着装状态的众多因素只有调整到最佳结合点，服装整体才会表现出很强的美感。有时单单看一件服装是不能完整评价其美感的，一件不起眼的服装单品，经过精心搭配很有可能会产生意想不到的精彩的效果；而一件漂亮的单品如果搭配不协调，也会怎么看都不顺眼。所以服装经过搭配以后的美才是服装最后取胜的关键。改变搭配方法，衡量与其他元素的关系，这样的着装才被认为是极具个人品味的体现(图3-18)。

图3-18 数件风格统一的单品加配忧郁的气质完美演绎出着装者的个人品味

（二）配饰美

单件的配饰品作为独立体时，其拥有的仅仅只是美学价值，而只有与服装搭配成为附属品之后，才开始产生出它的存在价值——对服装的整体效果产生影响，突出显现着装者的性格个性(图3-19)。作为体现时代倾向的服装物件，配饰品对于着装来说是表现整体美的重要部分，配饰品除了本身具备的重要功能性以外，还应与服装的风格相协调，使饰物在配套中起到烘托、陪衬服装主体，并且起到画龙点睛的作用。配饰品有时还会成为设计的主要对象，一点强调足以使平淡无奇的服装顿生光彩，对腰带、围巾、项链等配饰品的巧妙运用，能够使着装者大大扩展服装穿着的场合。

图3-19 乡村感的配饰品更好地烘托了作品的田园风味

（三）化妆美

整体、完美的人物形象是由服装与妆容、发型等共同营造的结果。化妆中包含面部化妆和发质护理两部分。一般来说，妆容和发型应该配合服装，共同构成服装的整体着装效果，并在造型、色彩及风格表现三个部分充分配合，相辅相成，以达到和谐的整体效果（图3-20）。妆容和发型要随着服装的发展而变化，风格也应与服装的整体风格相互协调、互为补充，共同构建完美的人物整体形象。妆容和发型与服装的搭配之间还存在着流行性和季节性，选择恰当的妆容和发型，并使之融入整体形象设计之中，势必能起到衬托人物形象、配合服装效果的实际作用。

四、内容的美

对精神价值的认可应该可以认定是人类的最高境界了，提高精神境界，并为其付出不断的努力，同样也是服装所蕴含的最深层次的魅力。前面我们所举证的条款都是从外部所见的形态，即物质的东西，而与之相

图3-20　妆容、发型、服装和谐的整体着装

对应，对物质的东西能够予以支持的却正是精神方面的东西。精神与物质，内界与外界、内容与形式，它们一起构成了美的两面性，在此我们称精神的东西为内容美。

（一）知性美

"知性"一词在当代已经成为了流行语。所谓知性的女性，是指不断提升自我，努力达成目标，成为女性的理想形象，生活中具有知性的人也被称为知性美人（图3-21）。这一现象是由

图3-21　知性美人

人类最基本的上进心而引发形成的,并结合孕育此上进心的心灵而成的产物。此外,知性是通过自身的不断努力而得到的结果。知性美是用眼睛捕捉不到的一种至上形态,流露于其人的气质氛围之中。在知识经济时代,我们每个社会人都不再是单纯的任务执行者或角色扮演者,而是思想者、研究者、实践者、创新者和需要不断发展的综合性人才,因此必须按照所从事专业工作的要求,积极塑造自身形象,将内在学识与外在形象形成完美的统一。

（二）教养美

有些女人随着年龄的增长越来越美丽,可以说在一定程度上是由其端正的生活态度,即良好的家庭教养所导致的(图3-22)。所谓教养,是通过获取各方面的文化知识,努力塑造一颗仁慈宽厚的心。由之而积淀的就是教养美了。教养美是不紧闭于自我狭小世界,而是不断琢磨自己,不断努力提高,从内心渗透出来的由内而外的美;是可以通过自己的坚强意志和不断努力,谁都可以表现出来的美。所以,只有兼备文化艺术修养和时尚审美意识的具有教养美的穿着者,才能透过服装与设计师产生共鸣,也才能真正着装出服装美的精髓,品鉴出设计的内涵。

图3-22　教养美是由从小良好的家庭教育于潜移默化之间所形成的

图3-23　现代生活中孕育而生的冷漠美人

（三）冷漠美

冷漠美指的是缺少表情、欠缺知性与教养的一种美感。这种美与前两种美之间存在着一些本质上的差异。人类科学的突飞猛进和大工业生产的不断发展,导致了现代人之间的交流愈发疏远,情感淡漠,这种趋势下冷漠美人也随之孕育而生。这类人群其外表美貌拔群,惹人眼目,但却终日像蜡人似的毫无表情,眼神中感觉不到意志,面容中感受不到温暖。(图3-23)。

第二节 服装造型语言

服装中的各个部分都可被看作点、线、面、体等造型要素,而在服装设计中,各个造型要素又是按照一定的形式美法则组合而成的,只有这样,我们才会创造出更加丰富多彩的服装造型。无论服装的平面设计还是立体裁剪,都离不开造型的基本要素——点、线、面、体的综合运用,这不仅可以设计出优雅的面料和图案,同样可以运用它来设计时尚的款式。服装设计作为一种造型艺术,是按照艺术和科学的规律,运用形式美的法则,将纺织材料等在人体上进行空间组织构成,创造出立体的、生动的艺术形象的过程,正如黑格尔在谈到形式与内容的关系时说道:"一定的内容就决定它的适合的形式"。服装设计的基本原理同其他艺术形式构成的原理是完全一致的,即以点、线、面为造型要素的核心。人体各部位的结点,起伏流动的体态曲线,服装造型中的纯粹性,构成了服装形象外观的完整性,其严谨如建筑,流动似音乐。

一、构成

(一) 点

1. 含义

点在数学上的意义只有位置变化,是线与线相交的交点,或表示线段的开始与结束,它仅仅表示位置,没有大小面积的区别。但服装造型上的点,不是几何学概念中的点,而是人们视觉感受中相对小的形态,只要与周围比较显得细小的形态,我们就可以感知为"点"。服装造型中的点不仅具有位置和大小,还具有面积和形态,可以看成是立体的形态,甚至是多角、多边、球形等,这里面既有结构又有肌理,主要是一种点的视觉形态。

2. 目的

点是相对的,是通过比较而存在的,是与服装的整个面积相比较后,才产生出的一种小的感觉。从这个意义上讲,服饰品类的背包、帽子、手套、皮鞋等稍大一些的形态与服装总体面积相比,也可以称之为"点"。因此在服装设计中,设计师经常运用点来突出服装的某个部位,加强这一部位产生的美感,以此达到强调设计的目的。另外服装中通过点的形态、位置、数量、排列等因素的变化,还可以让人产生不同的心理视觉感受,打破设计的呆板和沉闷,给服装以画龙点睛之妙,吸引观众的视线,在视觉审美上产生一种诱导作用。

3. 作用

尽管点是服装造型设计中最小的元素,但它的作用却是不可忽视的,服装设计中若装饰点运用得当,能使服装更具魅力和个性风采。首先,点能产生画龙点睛之效,例如纽扣作为服装中的点既有实用性,又有装饰性。纽扣若按等距离排列,应选用简洁大方的小扣子,起安定、平衡的作用;若只安排一粒纽扣,则可选择精美并且体积较大的扣子,起到扩张、诱导视线的作用。其次,点用来强调服装的重点部位,一般多在前胸、前胸袋、袖口边等部位以装饰点加以强调,使其成为服装的中心,达到炫示、美化、引人注目的效果。最后,对点的运用还应包括直接运用点子花纹的面料来设计,利用点子大小不同的面料进行拼接,同样能产生很强的韵律感。

4. 形式

点在服装设计中被使用的例子很多,如服装造型中的纽扣、腰带扣、蝴蝶结、胸花、领结以及小面积而集中的图案、刺绣等较小的形态都可作为点,作为着装配饰品的头饰、耳环,甚至面部也可理解为点。点在服装上的应用主要分为辅料类、配饰类、工艺类三大类。

（1）辅料类

纽扣、拉链、挂件、环扣、珠片、小型的标牌、线迹、绳头、腰带扣、蝴蝶结、胸花、领结等都属于辅料类中点的应用。这种以点的形式出现的辅料产品不仅具有特定的功能特性,同时还具有很强的装饰特性。如纽扣的应用就是最典型的例子(图3-24),纽扣是许多服装上不可缺少的辅料之一,它使服装起到固定和闭合的作用,虽然它从体量上看只占衣片中微小的一部分,但是它却既能表现一定的形,又能表现出一定的量,甚至不同质感的纽扣还能体现出不同量的成分。同样大小的木质纽扣和金属纽扣,其给人在视觉上量的感受就是完全不同的。在设计中纽扣的不同位置会产生不同的效果,放置、排列的位置不同或者将排列进行旋转等,都会让人的视觉产生不同的反应。一颗纽扣具有向心性,两颗纽扣具有对称、平衡性,而多颗纽扣的排列则会产生秩序和层次性。在设计中,纽扣的大小形状变化还会让人产生一种流畅的韵律感。纽扣的面积较大会产生刚硬感,面积较小则会体验到柔和感。纽扣在使用中还具有有大小、面积、厚度、形状、色彩、质地等性质的区分,但总体来说,作为辅料的点的特征只有在相应的对比反差中,才会得到一种相对的显现。

图3-24　纽扣作为点在服装造型中的应用

（2）配饰类

配饰类有耳环、戒指、胸饰(图3-25)、丝巾扣、提包、鞋等,相对于服装的整体效果而言,服装上这些较小的饰品都可以理解成点的要素,饰品的位置、色彩、材质不同,对点的装饰效果也不同。服装上的配饰品分为实用性和装饰性两类,丝巾扣、提包、鞋、手表等属于实用类,耳环、戒指、胸饰等属于装饰类。这种以点的形式出现的配饰品往往在着装时,都是为了丰富服装的单一性,作为与服装相呼应的一种装饰性极强的艺术形象出现的,追求着装的整体美感,起到画龙点睛的装饰作用。配饰还可以表达着装者的品味个性,传递不同的情感倾向,突出彰显服装的风格。配饰品多使用在服装的前胸、肩部、腰部、袋边、袖口等部位。

图3-25　胸饰作为点在服装造型中的应用

（3）工艺类

工艺类主要是通过刺绣、印染、镶嵌、图案、花纹等不同工艺处理手段达到不同的设计目的。在服装设计中，某一部位的单独图案就具备着点的功效，图案在服装上的表现可以通过各种工艺手法，传递出服装的不同风格追求。动物、植物、字母、文字、抽象、具象等都可以作为图案的素材，以点的形式出现在服装上，其轮廓具有极大的随意性，没有固定的形状，给人以亲切、活泼感，具有人情味和自然味。通过工艺手法表现出的点的要素，往往会成为服装设计中鲜明的创作特色。

（二）线

1. 含义

几何学上的线是没有粗细的，只有长度、方向与形状。线在服装设计中的运用是点的运动轨迹，在空间起贯穿作用。线的方向性、运动性及特有的变化，使线条具有丰富的形态和表现力，既能表现静感，又能表现动感，因此，线在服装造型设计中担任着重要的角色。服装设计的造型和结构都是由不同性质的线条组合而成的，包括服装的轮廓线、装饰线、褶裥线以及服装各部件的造型线，也包括扣子排列形成的心理连线和具有线的感觉的腰带、背带等。

2. 目的

线条的装饰也使服装更具美感和人情味。装饰线本身就包含有立体装饰线与平面装饰线，平面装饰线包括镶边、嵌条、刺绣等。不同色彩、不同材质、不同宽窄的边、条同服装相拼、相嵌，能给本来平淡单调的服装外形带来生气，产生活泼、典雅之感。总之，在以点、线、面为构成核心的造型艺术中，线有着承上启下的重要功能。

3. 作用

服装造型千变万化，但其式样的演变和新款的推出，都是凭着对线条的运用而完成的。服装设计形态美的构成，无处不显露这些线的创造力和表现力。首先，服装线条能够体现服装风格。其次，服装线条在动静、疏密变化中取得和谐统一，组成了服装优美的形态。再者，服装中装饰线运用得当，可使服装产生精致秀美的效果，同时也有助于体现服装特有的情趣。线以线的方向为主，最能表现人体，同时还可以起到装饰的作用。

4. 形式

线是服装设计中不可缺少的造型要素之一。线在服装上主要通过造型线、工艺手法和服饰品、辅料进行表现。

（1）造型线

服装中的造型线指服装的轮廓线、基准线、结构线、装饰线和分割线等（图3-26）。服装的廓型是由肩线、腰线、臀线、下摆线等结构线组合而成的，属于典型的线构成形式，廓型创造先祖法国设计大师迪奥推行的 A型、X型等都是代表性的廓型表现。法国服装设计大师皮·卡丹的作品风格简洁、流畅，柔软且极富流动感。无论是其20世纪50年代推出的

图3-26　装饰线作为线在服装造型中的应用

"投绳线型""镰刀线型""蘑菇线型"等一批名作,还是六七十年代所形成的"卡丹样式",都是线的韵味在服装造型中的完美体现。服装的衣片都是以各种线的形式展现的,这些线称之为结构线和分割线,是构成服装造型必不可少的部分。正是由于这些线的存在,服装才能由平面的一维面料转化为完美包覆在人体上的三维服装。特别是开刀线与省道线的运用,使服装顺应人体各种曲面的形态,达到塑造人体美效果的着装目的。服装上除了这些结构线以外,还有从形式美角度出发运用的装饰线,风靡全球的牛仔装,其突出的造型风格即是明缉线的运用。除衣片缝合处的缉线完全显露外,在衣袋、裤袋上再缉以装饰性的线条花纹,且缉线的色彩也极为醒目,从而使服装达到粗犷、洒脱的风貌。所以,成功地把握和运用好服装造型中的各种形式的线,对完美体现服装的设计风格有极大的帮助。

（2）工艺手法

运用嵌线（图3-27）、镶拼、手绘、绣花、镶边等工艺手法,以线的形式出现在服装上的构成元素,往往有其独特的工艺特点,成为服装的设计特色。它不仅可以增强服装的造型形态,突出服装的设计风格,还能展示人们的精神世界,反映各种伦理道德。从服装本身的价值而言,装饰工艺的使用还可以全面提高服装的附加值,因此运用装饰工艺形成线的感觉,是服装设计中常见的手法之一。中国的民族服装——旗袍常采用镶边、嵌线等工艺手法,在衣襟、领口、袖口、下摆部位加以装饰,使旗袍更为端庄典雅,魅力四射。西式的晚宴服则经常用亮片、珠串、宝石等缝缀出线的形状,一端将其固定,另一端则随着人体的走而自由摆动,形成与服装动静的对比,产生自由活泼的韵律美感。装饰工艺中线条的种类数不胜数,只有掌握了各种线条的设计规律,并对加工工艺有所了解,才能在设计中运用自如,创造出有特色的服装造型。

（3）服饰品

服饰品主要以项链、手链、臂饰、挂饰、腰带（图3-28）、围巾、包袋的带子等,在服装上体现线的感觉。这些饰品通过不同的形态、色彩和材质,使观者体会出不同的视觉效果,从而达到丰富整体造型,增加设计细节的实际功效。从造型要素而言,点、线、面中面的感受力最强,而饰品作为线的要素可以构成与面的交叉与呼应,打破

图3-27 嵌线作为线在服装造型中的应用

图3-28 袢带作为线在服装造型中的应用

面的沉闷感,摄入活跃的情趣性。如经典风格中常见的款式,平常的连衣裙,如果在腰间配上了一根腰带,那么原本单一的平面就被横向断开,化解了款式的单调感,增加了设计的层次感,并且随着腰带粗细造型、冷暖色彩、刚柔材质的不同使用,还会使服装产生不同的风格,大大增强了单品的实用性。

（4）辅料

服装上产生线性感觉的辅料主要有拉链（图3-29）、子母扣、绳带等,它们不仅具有服装闭合的实用功能,同时还具有了各种不同的装饰功能。在运动装、休闲装和前卫风格的服装中这类线感辅料使用得比较广泛,例如拉链就是服装中使用频率最高的线感辅料。在现代服装产品中,拉链的品种非常繁多,色彩、材质、形状等都较以前有了明显的突破,拉链头的造型也是分别适应不同的服装风格而进行设计,越来越强调和突出了装饰的功能。拉链的使用也早已不仅仅只是在服装闭合处的门襟部位,而是延伸到了侧缝、领围线、袋口、帽子、袖子、脚口、膝盖等处。由此从一定意义上而言,当今线性辅料的使用目的已经超越了功能性的局限,设计师们更多的是在追求风格表现的装饰手法。拉链在服装上的重叠排列、粗细长短的交错搭配,以及运用彩色拉链的色彩变化,形成服装丰富的层次感和饶有趣味的韵律感。另外绳带和子母扣也是在许多服装上经常使用到的辅料,可以根据不同的设计要求自由选择搭配各式

图3-29 拉链作为线在服装造型中的应用

的品类,如尼龙绳带、布绳带、丝带等,当然表现出的艺术风格也是截然不同的。

（三）面

1. 含义

线不沿原有的方向移动就会形成面,面是比点感觉大,比线感觉宽的一种形态。服装设计中的线不仅有长度和宽度,还有一定的厚度,这是因为面料本身具有一定的厚度。面也是体的外表,并且具有方向和位置的因素,点的扩大是面,线的增宽也是面,一般的平面,如果加以转折即产生了体的效果。对面加以不同的应用,可以在服装造型上出现或平面或立体的不同视觉效果。

2. 目的

面是服装的主体,是最强烈和最具量感的一个元素。面的切割、组合以及面与面的重叠和旋转,都会形成各种新的面,因此,面的形态在服装上具有多样性和可变性。面的表情主要依据面的边缘线而呈现,有规则面与不规则面之分,规则面产生简洁、明了、安定和秩序的感觉;不规则面则外形较为复杂,产生柔软、轻松、生动的感觉。面经过线的分割和连接,以及面与面的重叠和旋转,又可转化构成新的面。严格地说,立体三维服装的形式构成是由平面的面料,通过弯曲、连接、折叠等手段塑造而成的,我们将它视为一个特定的平面。

3. 作用

面在服装款式造型中,起着衬托点、线形态的作用。从造型要素而言,点、线、面中,面给人

的感受力最为强烈,它决定着服装的色彩及明暗的总体格调。服装设计中面的主要作用就是塑造形体,运用线与面的变化来分割空间,创造造型,使服装产生适应人体各种部位形状的衣片,并力求达到最佳比例,塑造出千姿百态的服装造型。

4. 形式

面的造型构成是在服装的三维形态上,利用各种的面形材料,以重复、渐变、扭转面层和面群排列等构成形式,使服装立体型产生虚实量感及空间层次,由面做成的服装层次感较强。由于所用服装材料的质感、性能等性质不同,各类织物的悬垂性和成形状态也各有差异。因此在设计中,要根据服装的整体风格和设计意图,选择适当的材料来表现服装的面造型。服装上的面主要表现在以下几部分。

（1）大部分服装的裁片

服装是由不同的裁片组合而成的,除了一些极少的点、线形式的裁片以外,大部分服装裁片都是一个面,服装即是由这些面围拢人体而成(图3-30)。服装的裁片经过缝合出现在同一个面上,这样的服装显得非常规整大方,如一般职业套装的裁片大都非常平整地拼合在一起;也有些服装的裁片会层叠出现在不同的面上,再经过不同面积、形状、材质或者色彩的搭配,使服装产生丰富的视觉效果,整体效果上也增加了层次和韵律感,民族风格的服装中这类表现最为明显。色彩各异的服装裁片拼接在一起时面感较为突出,值得注意的是,同色面料拼接,容易呈现出线造型特征,只有不同色彩的面料拼接时,才会产生出面造型的特征。

图3-30　衣片作为面在服装造型中的应用

（2）服装的零部件

现代服装设计常将衣服的零部件视为几个大的几何面(图3-31),这些面按比例、有变化地组合起来,便构成了服装的大轮廓。然后再在大轮廓里根据功能和装饰需要,作小块面的分割处理,如育克、袖克夫、口袋以及色彩镶拼等。这些局部的面造型在与服装整体相协调的同时,通过形状、色彩、材质以及比例的变化,会在服装上产生不同的视觉效果,也是对服装整体面造型或体造型的一种补充和丰富。在男装设计中,为了更好地体现男性庄重、平稳的气质,各种局部面造型多以直线与方形面来组合构成;而在女装中则多采用圆形设计,如古典式泡泡袖、现代式的插肩袖、大圆领、圆角衣袋和衣摆等。

（3）大面积装饰图案

服装上经常会使用一些大面积的装饰图案(图3-32),而且图案往往会形成一件服装的特色,成为观赏的视觉中心。例如春夏季各式的长短 T 恤,其装饰

图3-31　袖片作为面在服装造型中的应用

图案的材质、纹样、色彩、工艺手法非常丰富,可以在很大程度上弥补面的单调感。大面积使用装饰图案的服装大都造型精干,结构简洁,以单色面料居多,整件服装上很少同时出现多种颜色。否则会显得整体上太过花哨而重点不够突出。

图 3-32　图案作为面在服装造型中的应用

（4）服饰品

服装上可以产生较强面感的服饰品主要有非长条形的围巾、装饰性的扁平的包袋(图 3-33)、宽大的披肩等。帽子相对于服装整体搭配而言,经常把它当做点或体的要素,但是也有些种类的帽子如无顶遮阳帽、帽檐或帽围面积较大的帽子,也可以理解为在服装上运用的面造型。特别是在一些创意类服装中,帽子为烘托服装的整体风格,造型大都比较张扬,体量大具有极强的面感。秋冬常披在肩上的方巾、三角巾等面感则较为明显,除了一定的保暖功能外,点缀和呼应服装的风格也是其功能之一。因此,在具体的设计过程中,应根据服装风格的不同,创造性地在服装上使用不同面积的服饰品,起到增强设计细节,呼应整体风格的目的功效。

（5）工艺手法

在服装上采用工艺手法形成面的感觉,是当今许多服装设计经常使用的艺术手段,本质上它兼有图案的某些特点(图3-34)。一种是通过对面料的部分再造,如日本设计大师三宅一生的许多作品,大师经常运用这种手法,经过不同工艺在面料上缝制成线形,再由点线的纵横单向排列或交叉排列形成面;或者先缝制出单个点的造型,点的排列形成线,再通过线的排列形成面,从而达到既丰富面料的单一感,又创造服装新风

图3-33　拎包作为面在服装造型中的应用

格的目的,开辟了设计史上对面料再造的新思维。第二种是在面料上缝上珠片、绳带等装饰辅料,经过不同的排列组合形成面,或完整固定,或一端固定,达到突出、点缀的艺术效果,这种手法在许多创意服装、表演服装或晚礼服中经常使用。

(四)体

1. 含义

体是面的移动轨迹和面的重叠,具有一定广度和深度的三次元空间,点、线、面是构成体的基本要素。服装是依附于人体的造型设计,人体有正面、背面、侧面等不同的体面,还有因动作而产生的变化丰富的各种体态。服装设计中应注意到不同角度的体面形态特征,使服装能够合身适体,并使服装各部分体面之间的比例达到和谐和优美,因此,服装设计中始终贯穿着体的概念。在服装设计中,对点、线、面、体的运用是没有绝对界限的,要视其形的相对大小而论。

2. 目的

在艺术设计中,抽象的形态在创造中变成了具有生命力的形态,创造美的服装形态须依靠设计者的艺术修养和对立体形象的直感能力。因此,树立完整的立体形态概念,培养对形体的感知和判断能力,是服装设计的重要课题之一。

3. 作用

在服装造型设计中,可以将分解与重组后的各种几何形体,结合服装造型的特点及人体工效学原理加以嫁接引用。几何形体的模块可以是单个的,也可以是多个的,通过交叉、结合、相接、减缺、差叠、重合、图底等方法,创造出无以计数的新的服装造型设计,为服装的外部造型带来无穷的设计思路和灵感。

4. 形式

在服装中,体感强烈是指服装衣身体感强,有较大的零部件明显凸出整体,或局部处理凸凹感明显的服装。体造型形式的服装显得很有分量,一些特殊风格与特殊造型的服装都是采用强调某一体的方法进行设计的。服装中的体造型主要通过衣身、零部件和服饰品来表现。

（1）衣身

服装的整体部位如蓬松的大身、裙体、褶皱面料等都是体的表现(图3-35)。对于一般的实用服装来说,可能不会有太过强烈的体积感,但在许多表演服装设计,创意服装设计,华丽、繁复风格或晚礼服、婚纱的设计中造型表现却非常明显。如多层裁片叠合缝制的服装,褶皱面料反复堆积的服装,使用

图3-34 面料经过装饰处理后作为面在服装造型中的应用

图3-35 裙身作为体在服装造型中的应用

裙撑的庞大的裙体,或者用绳带、抽褶等反复系扎而成的服装部位,如多层灯笼裙的裙身、灯笼裤等。此外,冬装的体积感也相对强烈,如肥大蓬松的羽绒服、裘皮大衣等。体感较强的衣身通常在制作上工艺复杂、程序繁多,比如缝制之前首先要加多层衬料对衣片进行定型,在双层材料中间使用填料使之膨起或者先要用硬纱或金属丝、竹片等制作撑垫物。体造型的衣身通常都是用立裁的方式完成,平面的裁剪方式往往难以塑造理想的立体型。

（2）零部件

突出于服装整体部位的较大零部件大都具有较强的体积感(图3-36)。这类零部件在前卫风格、松散风格、繁复风格和硬朗风格的服装中经常出现。如"嬉皮"服装上造型奇特、硕大无比的坦克袋,休闲服装上的大装饰袋,宫廷式服装上使用的灯笼袖、束肘袖,演出服上造型夸张、蓬松凸起的大领子等。这种零部件同衣身的制作一样工艺复杂,需要有精湛的技术技巧,对面与面或体与体之间的结合转折都要经过精心缝制,较多使用立裁方式。而且在定性整烫时也要小心不要破坏造型效果,一般使用蒸汽喷雾的熨烫方式,多选用塑形效果较好、容易定型的面料。

（3）服饰品

服装上体积较大的三维效果的服饰品如包袋、帽子、手套、配饰等都是体造型(图3-37)。包袋、帽子是体感最为明显而且也是服装整体搭配中使用最多的服饰品。

二、空间

空间指一切物质存在和运动所占的位置,包括长度、宽度和高度。也是物质存在的广延性和伸张性的表现。空间在服装上泛指通过廓型的外边缘线所包围的服装实体,可以是整体的衣片,也可以是局部的部件。服装的实体本身界定了它的实形态,即物质形态。对服装而言,空间虽不属于设计形态的构成元素,但从造型的角度来看,任何服装的形态都是一定空间构成方式的呈现。

（一）真实空间

1. 含义

所谓真实空间是指我们可以用眼睛看得见、用手触

图3-36　袖身作为体在服装造型中的应用

图3-37　头饰作为体在服装造型中的应用

摸得到的服装实体,它是以服装的外轮廓线为边缘所形成的面积范围。在观赏者的视觉感知中,不仅具有一定的面积感,还应具有一定的体量感,是服装整体造型中的重点部分(图3-38)。这种体量感的体现受材质因素的制约比较明显,还有一些特定的装饰造型手法,如堆、砌、抽、褶等,都会在不同程度上增加量的表现。

2. 目的

服装是由三维空间所表示的物质,因此,可以从空间中的任意角度观察服装的形态,研究服装的美感,进而形成独特的设计理念,服装设计的空间性即指空间是它表现的领域范围。服装设计作为造型艺术中的一个门类,没有时间的因素,其艺术语言——线条、色彩、形体等都是在三度空间中展开并组合的,而不是在时间过程中逐渐排列而成的。辨析并认识服装空间形态及其构成方式,目的在于拓展服装造型的创意思维,改变服装设计拘泥于细节组合、结构分割、廓型调整的方法局限。只有将设计构思的创造思维引领到空间塑造的领域,才能真正认识并掌握服装形态创意的规律,从而跨越服装造型中所谓平面与立体、廓型与结构、实形态与虚形态、内空间与外空间之间的思维鸿沟,这对于提高服装设计师的原创能力,营造品牌服装的造型风格和特色无疑提供了一条具有全新视角的、丰富创意思维的现实途径。

图3-38　既具有面积感又具有体量感的真实空间

3. 作用

服装的空间形态由服装的外轮廓、内结构和零部件三大造型要素构成。服装外轮廓的造型简称"廓型",是服装空间形态的总体形象,也是造型创意最为突出的地方,它体现服装的时代风貌和造型风格,其变化蕴涵着深厚的社会内容。服装内结构根据人体及人体动态规律而确定,是对服装廓型分解组合的形态支撑,契合着服用功能和审美取向的要求。由于服装的廓型与结构常常假借零部件来强化造型,因此,服装的零部件是服装空间形态的细节补充,是体现流行元素、丰富服装造型设计的重要途径。

4. 形式

设计中通过对面料进行填充、支撑、放松等工艺处理,力图使服装的内空间得到改变,从而在造型上产生富有变革的创意形式。例如在侧缝、公主线处嵌入支撑面料的具有弹性的条形材料,里面再衬上多层的网状硬纱,从而塑造起外部的膨起造型;又如对女装进行男性化的T型塑造,在服装的肩部加入较为夸张和厚实的直角垫肩,从外观上彻底改变女性娇小的体态;羽绒服内胆内采用天然羽绒作为内部空间的填充物,既加强了防风保暖,又保持透气轻柔,且羽绒填充可以压缩服装内空间,使服装体积很小,便于收纳保存等(图3-39)。服装的结构、面料、色彩、个性、工艺、图案等组合因素都会对内空间的形态产生影响和制约。

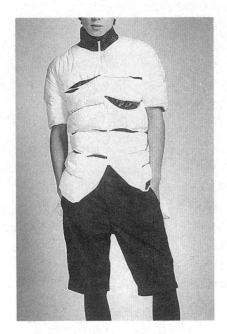

图3-39　填充羽绒增加体量感的空间造型　　　图3-40　若有若无,完全没有体量感的虚幻空间

(二) 虚幻空间

1. 含义

　　所谓虚幻空间是相对真实空间而言的,尽管它也可以用眼睛看得见、用手触摸得到,也是真实存在的一个服装实体,但是它在整个服装的视觉感知中,相对比较透明、轻盈、飘逸、模糊,缺乏分量感,宛若虚幻不存在的一种物质表现(图3-40)。它也以服装的外轮廓线为边缘体现面积的范围,但范围之内朦朦胧胧、若有若无,完全没有体量的展现。这种感觉主要通过材质的选择进行表现,例如薄纱、雪纺,甚至一些在创意装中才多见到的非纺织类材质,诸如透明塑料布等。

2. 目的

　　服装造型是以人体为依据进行的服装空间形态的塑造,同时也随着人体的运动,呈现出服装空间的动态性变化。在近几年的国际流行趋势中,我们不难发现许多设计师的设计理念中,常把服装表现为一种虚幻朦胧的状态。设计师运用各种现代的面料材质,如利用有孔眼的织物来透露里面的人体;或采用薄纱等透明或半透明的衣料来暗示肉体的存在。这种在整体上虚幻的处理,宛若一幅山水写意,赋予了作品无穷的意韵,同时也体现出了服装上的节奏感,增强了形式美感的表达。

3. 作用

　　服装上虚幻空间的塑造,可以打破服装给人产生的一种禁锢感。当今社会随着节奏的加快,人们的压力和负荷也随着增加,向往大自然的无拘无束成了多少人心中美好的梦想。属于虚幻空间的服装造型,虽然也真实地存在,但是它通透、轻盈的外观特质,不会使人产生束缚和压抑感,随风舞动的飘逸也足以使着装者心旷神怡。有人认为服装具有改变心境,影响性格的潜作用,在虚幻空间的处理上,多多少少有着这样的意味和倾向。

4. 形式

　　虚幻空间受材质的制约比较明显,它轻盈的体量感必须通过相宜的材质才能够得到表现。外轮廓的造型处理依然是设计的重点,只是在内部空间的塑造上严格挑选使用的材质。例如,在许多创意服装中,廓型通过支撑物的撑垫,呈现出了实实在在的空间造型,但是覆盖的材质却选用透明的塑料布,故而从远处看去,又好似一个并不存在的空间(图3-41)。所以设计师在材质的构思上可以放开思路,寻求创新的突破,甚至于摆脱纺织品的限制,开发出更新更适宜的造型材质。

(三)混合空间

1. 含义

　　一般来说,混合是指将两种或两种以上的物质掺和在一起的物质现象。在服装设计中,所谓混合空间是指在一套服装中所采用的造型方法比较丰富,不单单局限于一种空间的展示形式(图3-42)。可以在某个局部体现真实空间的量感,也可以在某个局部表现虚幻空间的透明感,这种综合的手法运用,会加强服装的语言表达,开拓设计师的创作思路。

2. 目的

　　混合空间的形式从一定意义上而言,比单一的空间表现要活泼、丰富得多。服装的表现离不开各种空间的造型处理,设计构思从整体性上考虑统一是必要的,但是过度的统一会导致手法上的孤立、单薄;相反综合性地将两种空间形式大胆地结合在一起,不仅会丰富表现力,而且还会带来对比所产生的视觉差异,这种差异只要把握住主次关系,就会延伸出设计的情趣感,增加创意的趣味性。

3. 作用

　　在服装设计的整体处理中,设计师要表现出两个空间的不同质感,经常会采用相对立的材质进行反差处理,好比是把风马牛不相及的物体,硬是牵强在了一起。但是,这种开天辟地的艺术手法却给了观赏者极大的震撼,伴随着震撼,观赏者也逐步品味出了其中独特的美感。并且随着这种创作手法在大众中认可度的不断提升,这种表现也已逐步普及至了成衣市场,流行在了百姓的穿着之中。

图3-41　选用透明材质塑造虚幻空间

图3-42　选用多种空间塑造的混合空间

4. 形式

设计师在构思创作时,经常会试图将服装的空间由内部逐渐向外部外延。如将服装多层次的进行组合(图 3-43),大衣服外面再罩上小衣服;或是选用纯透明面料,使内在的封闭性空间逐渐走向外部空间;还常常将内外空间打散后重新组织,这种内外空间的无规则变形给服装组合带来了更大的自由和趣味,例如服装的内衣外穿、自由加减等,都把服装空间带进了一个全新的视野。总之,为了丰富服装的造型,得到新的创作收获,设计师都会努力使服装的各种空间进行很好的沟通和交流,让混合空间的组合在整体中达到和谐并且夺目。

图 3-43 通过多层次组合延展出混合空间的表现

(四) 大小空间

1. 含义

所谓大是指在体积、面积、容量、数量、力量、强度、程度等方面超出一般或与之相比较的东西。所谓小是指在体积、面积、年龄、容量、数量、力量、强度等方面不及一般的或不及比较对象。大与小是一组从根本上相对立的反义词。在服装设计中,常把衣身等面积较大的部位泛指为大空间,把零部件等面积较小的部位泛指为小空间,而服装的整体则是大小空间的一个有机组合体(图 3-44)。

2. 目的

各种各样的大小空间并非在一个狭小的样式中被创造出来的,任何一个视觉形态所产生的影响,都会超越它自身所在的范围而形成新的空间。人体和服装同属于空间形态,设计时以广阔的立体空间为观察平台,利用有限的载体,从多维的角度考虑赋予服装以美的设计、善的设计和立体的设计。通过对各种服装空间形态的研究,使服装在固有人体形态基础上创造出更有美学价值的服装造型。

3. 作用

每一个服装整体都可以分解为若干个零部件个体,它们从面积而言大小各异,因而又构成了服装上各种各样的大小空间。现代设计师在对这些空间进行造型设计时,往往并不局限于固有的面积概念,而是从整体的创意构思出发,有时甚至极限地夸大或极限地缩小,颠倒原有的空间大小印象,使服装呈现崭新的风貌,这种设计在创意服装

图 3-44 由大小悬殊的造型组成的大小空间

及表演服装中经常可见。大小空间的交错会使设计手法更加耐人寻味,使原本孤立的空间变得密切而和谐。

4. 形式

设计师在进行大小空间的造型处理时,根据面积的不同往往会使用不同的手法,其形态取决于设计师的要求,以及材料质地的可塑性。主要有以下几种:

① 支撑。为了获得超出一般的较庞大的内部空间,使服装的外形轮廓符合脱离人体的要求,或者为了支持服装的重量,而在人体的局部设置的空间(图3-45)。

② 填充。为了强化人体的某个部位而加以填充,使局部特征更加显著(图3-46)。

③ 叠加。在服装的基本廓型之外附加另外的形态,两者看不出必然因果,几乎可以看作两个形态的连接。

④ 减缺。服装的两个体量部分彼此分离,但可以看作是一个大体量与一个小体量的减缺,减缺的部分是一个虚拟的体量,一个形态在原有的位置上不复存在时,就产生空白或空间的概念。

图3-45 在臀部通过支撑设置小空间

图3-46 在袖身通过填充设置小空间

三、性质

(一)方

1. 含义

方是四个角都是直角的四边形或六个面都是方形的六面体,它必须表现为90度的直角(图3-47)。服装设计中,我们常通过方形表现一种体量感,一种张力以及扎实、厚重的质感。通过对面料的造型处理,使局部细节上呈现出立体的表态,丰富廓型的表现力,增加细节上的一种设计手法。

2. 目的

造型是从服装的外观上进行的一种设计处理,从塑形的角度而言,方、圆、角、弧的表现是非常重要的。通过对细节形态的思考,我们可以融合其他的造型门类,综合多种表现技法,拓展创作的思路,形成超前的设计理念,对新创意的开发无疑起到了催化剂的作用。制作服装的面料是平面的,但人体却是一个复杂曲面的三维立体形态,故而以立体的思路来进行创作是可行而且有效的。

3. 作用

呈现方形外观的服装造型,大都会产生一种强烈的力量感,体现出着装者的朝气蓬勃并焕发斗志,非常适于硬朗风格和中性风格的服装表现。随着全球经济的高度发展,生活的速度也在逐步地加快,相对沉重的工作需要我们以健康的体魄和精神去面对,这样的一种状态正好需要力量型物质的支撑,方形服装无疑展示了现代人的内心渴望和追求。

4. 形式

（1）廓型上的运用

我们在廓型设计中所定义的 H 型、箱型等,他们的基本形态都是方形的(图3-48)。依据这类廓型的风格特征,其内部的造型线设计也往往偏重于直线形,或垂直或水平,是追求内外风格的一致体现。内部结构为外部造型的细化与内展,内外相互呼应,把廓型的简约、庄重的中性化风格特征表达得准确到位。

（2）零部件上的运用

零部件的设计中经常会有角度的体现,例如领角、衣角、袋角,还有袖口、腰带等(图 3-49)。零部件中的设计风格要统一在整体的风格之中,可以有小小的形态上的对比,但这种对比部分的比例不易太大,否则会造成整体形象上的凌乱感。但是绝对的统一也并非最佳的设计,视觉上会显得呆板无新意。怎样的处理手法可以取得十全十美的效果,这是每个设计师在创作中必须思考的问题。

（3）服饰配件上的运用

帽子、首饰、箱包、腰带扣、以及鞋等配饰品的设计中,都可以尝试方形的表现(图 3-50)。例如 20 世纪 80 年代风靡一时的榔头皮鞋,就是不折不扣的直角外形,近期在年轻白领中盛行的缪缪大包,也是呈现出硬朗的外观,完全打破了女性用品娟秀的感觉。方形感的配饰品会使着装者展现出男性的飒爽气质,而这种气质正是当前年轻人追求的一种风格表现。

图 3-47　呈方形的肩部设计

图 3-48　方形在廓型上的体现

图 3-49　方形在裙角上的体现　　　　图 3-50　方形在拎包上的体现　　　　图 3-51　用硬挺性材质塑造的方形造型

（4）造型装饰上的运用

为了更好地塑造立体感,设计师经常会尝试突破服装外形上的平整感,努力探索通过各种装饰手法的运用,创作出体量感的立体造型。造型内部充垫填充物、选用硬挺性材质进行塑形（图 3-51）、增加绗缝堆积体现厚实造型等,都是当前设计师常用的手段和技法。这样的创意在成衣中比较少见,有也是一些含蓄的表现。而在创意和表演服中,设计师就会忘形地执着追求,甚至达到了天马行空的无人境界。

（二）圆

1. 含义

圆是一种几何图形,当一条线段绕着它的一个端点在平面内旋转一周时,另一个端点的轨迹叫做圆。在服装设计中,圆是泛指感觉比较饱满、呈现或近似球形状态的一些细节外观。O 型服装就是最为典型的圆的代表性设计（图 3-52）。O 型给人以充实、充沛、充足的感觉,因其穿着后并非贴附在身体上,所以对形体能够起到良好的修正作用,塑造出人们所期盼的理想形象。

2. 目的

在现代服装设计中,随着新材料、新技术的不断涌现,服装造型的空间形态的表现形式与内涵进一步得到了丰富和拓展。对于

图 3-52　呈圆弧外形的 O 型服装

当代设计师而言,圆形的构思设计已经不仅仅局限于服装的廓型使用,在一些细节方面也努力通过技术制作、装饰表现来进行圆型的拓展,从而进一步加强几何形体的表现力,从传统设计的道路中开辟一条创新的小径。设计因创新而发展,只有通过不懈地尝试和努力,才有可能收获意想不到的结果。

3. 作用

圆形的造型设计可以深化在服装的各个表现细节,例如直身形的上衣搭配 O 型的裙装,就会使整体的廓型发生变化,宽与窄,方与圆,因为变化而使服装具有了独特性。另外,圆形造型的服装着装后的体适感很好,不像修身型的服装具有一定的束缚性,给人带来压迫感,同时还能通过视错的影响,起到良好的弥补身材缺陷的作用。细节上凸起的各种圆形造型,它饱满的外观形态可以使服装整体呈现起伏感。

4. 形式

（1）廓型上的运用

我们在廓型设计中所定义的 O 型、球型、气泡型等,他们的基本形态都是圆形的。依据这类廓型的风格特征,其外部与内质都呈现出饱满、圆润的状态,造型线设计也往往偏重于曲线形,与方形的造型有着截然不同,甚至是相互对立的审美感觉,表现出一种可爱、随意的风格倾向,也正是这种潜意识里的寓意,所以这种廓型在中老年服装中也被经常使用着（图3-53）。

图3-53 O 型设计

（2）零部件上的运用

零部件的设计中经常会有圆的体现,例如圆形领角、圆形袋角、圆形下摆、圆形袖口（图3-54）等。形态中圆形的设计会具有一种纯真、活泼的感觉,故而此类设计在童装中应用较为广泛。但近来,随着服装市场哈韩风的日益升温,这种蕴含着可爱气息的零部件设计也在女装中经常出现。创意类的设计中,还常在零部件的外形上进行造型处理,例如肩部、颈部、门襟等,都会通过一定物质的填充表现,塑造出凸起的球状感外形。

（3）服饰配件上的运用

帽子（图3-55）、首饰、箱包、腰带扣以及鞋等配饰品的设计中,都可以经常见到圆形的款式。圆形的箱包已经作为多个奢侈品牌中的经典造型被代代传承下来,经久不衰。圆头皮鞋近几年也一直活跃在流行的前线,它的青春感、它的舒适性,都是消费者选择和衷爱的原因。市场上各式各样的圆形腰带扣,极尽了装饰所能彰显的各种风格和表现,让人眼花

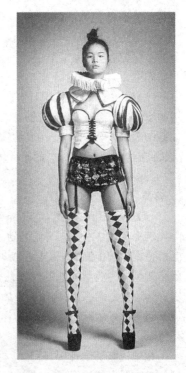

图3-54 圆形在袖体上的体现

缭乱。总之,配饰中的圆形造型是塑型构思中的一个大方向,并且将会永远发展下去。

图 3-55　圆形在帽子上的体现

图 3-56　圆形在图案上的体现

（4）图案纹样上的运用

服装上的图案设计已经越来越普及,使用的范围也早已超越了夏季棉质类 T 恤,扩展到衬衫类、外套类、裤装类、裙装类等,几乎是服装的所有单品类。而纹样整个轮廓呈现圆形的设计又是最为常见的(图 3-56),形式从传统到现代,手法从印花到刺绣等,极尽装饰所能,每一种手法有时是单一的,有时又是多种手法的兼和运用,让消费者目不暇接,叹为观止。

（三）角

1. 含义

角在几何学上是指由公共端点的两条射线所组成的图形。角的大小通常用弧度来表示,角有锐角、直角、钝角、平角之分。服装设计中,我们通常把呈现角度的部件称之为角,例如领角、衣角、袋角(图 3-57)。随着廓型研究的不断深入,设计师还常常会在服装的外形中增加角的表现,运用撑、垫等多种手法,探索形态的突破与创新。

2. 目的

为了进入并掌握造型形态领域的变化规律,分解在行为上形成的形态的内在组合模式,使被分解的形态形成基本信息码,所有的造型共用边、共用线、共用面有着相同或相似的内在联系。在造型的衍生和发展重组的过程中,如同生物有机体的生长、分化、分裂、运动、

图 3-57　呈角状的肩部设计

遗传、变异和进化生命运动的方式一样,使它们有了进行重新整合、共同协调与生长的内在根据,也是产生新形态,整合形态美的基础条件。

3. 作用

角是服装中一种最本质的概念,领角、衣角、袋角只要是边缘线产生的地方都会形成角。角的变化自然也成为每个设计师构思创意的重点,角的度数变化、外形变化、深浅变化等,都会使零部件的造型形成鲜明的个性风采,成为每季发布关注的焦点。设计师在开拓和创新造型的时候,不能仅仅单一地重视形式的美感,还应结合相应的功能表现,把握潮流,利用最合理的服装空间进行配置,才能真正创作并引领时尚的风潮。

4. 形式

（1）廓型上的运用

我们在廓型设计中所定义的 V 型、T 型等,他们的基本形态都是三角形的(图 3-58)。依据这类廓型的风格特征,其整体状态都呈现出尖锐、硬朗的感觉,轮廓线与结构线设计也都表现为直线,与圆形、曲线形的造型截然不同,产生一种男性的、精干的、简洁的气质倾向,与方形质感的塑造比较相似,只是在角度的变化上有着不同。方形仅为单一的 90 度造型,而角造型的度数掌握就丰富的多了。

图 3-58　角在廓型上的体现

（2）零部件上的运用

零部件的设计中经常会有角感的体现,例如尖角领、尖形衣角、尖形袋盖等(图 3-59)。角的形态变化都会影响到整个部件甚至是整体服装的造型设计,例如,男装礼服类中的燕尾服,其前衣身的衣角就是呈现锐角形态,故而衣身下摆线也出现了明显倾斜,成就了燕尾服一个非常经典的风格特征。尖角衣领也是成衣中常见的领部造型,它尖锐的外形轮廓,能够对宽大的脸部起到一定收缩的视觉错觉,因而这种设计在美的同时又增加了另外的一种意义。

（3）服饰配件上的运用

帽子、首饰、箱包、腰带扣以及鞋等配饰品的设计中,都可以经常见到角形的款式。尖头皮鞋已经成为众多女性不二的经典款式选择,虽然从舒适性而言它不及其他造型,但是从审美的角度来看实在是"无人能与之争锋"。橄榄帽在许多职业装的设计中一直被作为女性帽款的选择,它所呈现出的角质感也是非常明显的。另外,呈角状的首饰用品那就更是五花八门,展现出角类形态特有的简约、精致的时代气息(图 3-60)。

（4）造型装饰上的运用

为了更好地进行造型的变化和创新,设计师们都会利用各种装饰和技术手段,尝试各种样角状的形态塑造(图 3-61)。1990 年,设计大师让·保罗·戈尔捷与乐坛巨星麦当娜合作的锥形胸衣,就是这种尝

图 3-59　角在零部件上的体现

试的最成功的代表。造型的材料随着时代的进步,已经越来越人性化,不仅具有强烈的审美效果,还大大提高了穿着的舒适型。即便是 T 台上走秀的模特,在着用这些五花八门的怪诞服装时,也再也不用忍受历史上因为服装的塑形而对身体造成的伤害。

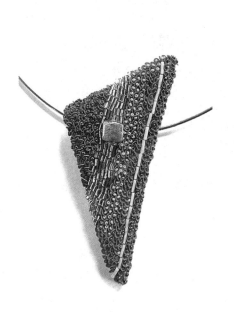

图 3-60　角在项链上的体现

图 3-61　呈现角状的肩部设计

(四)弧

1. 含义

　　弧是指圆周或曲线上的任意一段,弧分为圆弧和劣弧。弧的大小用弧度进行表示,弧度是量角的一种单位。当圆心角所对的弧长和半径相等时,该角就是一弧度,也叫弦。在服装设计中,不管是外部廓型线还是内部结构线和装饰线,都会因为人体的起伏,呈现出一定的弧度,从而在整个造型中产生弧的概念和作用(图 3-62)。

2. 目的

　　俗语说,服装是依附在人体上的第二层肌肤。为了更好地体现这种宛如肌肤般的舒适性和贴体性,平面的材质只有通过各种带有弧度的部件拼接,才能完整地包覆住三维的人体。形式服用功能,这是设计界提出的设计宗旨和创意理念,也是千百年来设计师创作和构思的基本。造型中无论是型的设计还是线的变化,都想方设法通过弧度展现优美的曲线,并且通过这种柔和的曲线表现

图 3-62　领口及裙摆的弧线造型

出服装,尤其是女装特有的艺术魅力。

3. 作用

弧度的变化是每个设计师在设计中刻意进行表现的重点,弧度不仅表现在各种线的使用当中,还表现在各种零部件的外形上。面的造型由线组合而成,而线的造型又有弧度产生决定。弧度的准确把握不仅可以完美地进行形体塑造,还会带来艺术风格上特有的魅力。弧度的表现是设计与制作完美结合的最好实例,因而在很多礼服类、成衣类产品中都有很多体现。当然,创意装中也不乏这样的表现,只是这时设计师追求的除了塑形,更重要的还有个性风格。

4. 形式

（1）廓型上的运用

我们在廓型设计中所定义的任何一款造型,其实都会涉及弧度的设计（图3-63）。即使是以直线型为主的方型类设计,有时也有在角的部分产生弧度的造型,只不过从整体而言,它仍旧形成方的概念。而对于O型、气泡型等以曲线表现为主的廓型设计,弧度的把握自然是造型中最根本的问题了。廓型是每年流行中最突出的表现方面,不同的年度甚至是季度,都会产生不尽相同的廓型变化,但是纵观服装廓型的历史发展,我们仍可以发现,其实弧度一直都是这些变化中的联系纽带。

（2）零部件上的运用

零部件设计中的方、圆、角造型其实都包含了弧度的表现,弧度可以说是任何一种造型都必须面对的问题（图3-64）。绝对的方或圆,其造型所产生的感觉也会非常的纯粹,融合了一定的弧度,就好比在刺激物中兑入了一定的中和剂,其

图3-63 弧线在廓型上的应用

图3-64 弧线在零部件上的应用

效果就会变得平易得多。创意类服装展示的是鲜明的个性,而成衣类商品面对的是更多的设计因素,太过张扬的设计一定迎合不了大众的口味,所以,设计尺度上的把握是至关重要的。

（3）分割线上的运用

服装上的分割线包括结构线和装饰线,直线形的分割相对来说单纯简洁,而带有弧度的分隔线条则感觉圆润均匀、平稳流畅,给人产生轻盈、柔和、温顺的联想,比较适合表现女性美(图3-65)。故而设计师们都苦心探索线条的弧度把握,在功能性的基础之上最大限度地表现线条的美感和创新。随着时装设计界一股又一股新浪潮的掀起,对线的运用已经到了"走火入魔"的境界,大师们对弧度的掌控已经完全步入出神入化的地步,为人类展现弧度的精彩魅力。

（4）造型装饰上的运用

在服装设计中,弧度的体现主要依赖于高超的剪裁与精湛的缝制(图3-66)。后期的制作是前期设计的完美展现,制作中的任何瑕疵,都会造成圆润、流畅线型的缺憾。服装是艺术与技术的完美结合,它们之间的联系是千丝万缕的。有时为了更好地表现立体的弧度,还会进行一些填充、叠加之类的造型手法,突出体量的感觉。总之,在当代设计师的手中,弧度都是表现和深入的重要元素之一。

四、形态

我们通常所言的形态是指事物的状态或变化形式,以及生物体外部的形状。而在服装设计中,形态所指的外延相对要广一些,除了造型外,它还包括了色彩和材质等的总体外观感受,故而在此,我们把形态语言又细分为软硬、曲直、光糙、疏密、繁简、皱挺、虚实、表里八个部分。这八个部分其实都是彼此相对立的两个定义组合,但它们却共同组成了服装造型的形态语言。

（一）软硬

1. 含义

所谓软是指物体内部组织疏松,性质柔和,而所谓硬即是指物体内部组织紧密,性质坚固。软的物体诸如豆腐、棉花等,而硬的物体诸如钢铁、石材等,这些在我们儿时便有了很好的认知。那么在服装设计中,软硬具有更宽泛的概念性和所指性。设计师在进行作品设计

图3-66　弧线在装饰线上的应用

时,会从更多专业的角度进行软硬的构思,包括服装的所有物质构成要素,在造型、色彩、面料、辅料、结构、工艺方面,进行全面的专业化的软硬质感的造型塑造(图3-67,图3-68)。

图 3-67　雪纺面料带来的柔软感　　　图 3-68　PU 面料带来的硬挺感

2. 目的

　　大多数人对软硬的概念都会直观地联想到服装的面料,的确面料给我们的印象就是诸如此类的一些定义词。但是这仅仅只是最基础的一个认识,设计师眼中的软硬概念要涉及更多的方面,正是这些专业性的理解和思考,才使服装的造型创意层出不穷。设计贵在新意,而求新就必须具有独特的设计理念,仅仅局限于一个点来进行创作,那么思维的面就会越来越窄,正是对基本概念的延伸思索才使设计师触发了新的灵感,设计出了一款又一款的精彩作品。

3. 作用

　　服装作品中的软硬是服装质材感的一个很好体现。随着服装行业的不断发展,新型的面料层出不穷,令人眼花缭乱,也体现出明显的质感的区别。对于新型的面料,有时不用触觉光凭视觉就能够辨别出软硬,从而大大加强了服装的表现力。当今的许多大师都是通过对面料的研究,再把这种成果表现在设计之中,才创作出了完美的作品,如享有"面料魔术师"称号的日本设计大师三宅一生。面料作为服装的载体,在服装设计中起着极其重要的作用。合理地选择、灵活地运用各种材料,通过艺术创作实践,更好地表达服装造型,以便使其风格与服装造型有机地融合在一起。

4. 形式

　　(1)造型上的软硬

　　圆形的、曲线形的物体给人以软的感觉,相反,方形的、直线形的物体则给人以硬的感觉(图3-69)。例如,蓬松的 O 型裙装,为了表现这种蓬松感,设计师在选择面料时也一定会侧重柔软型面料,因为硬挺型面料对于蓬松感的塑造是较为困难的。反之,直身型的造型用柔软面料来进行表现,显然也是一件勉为其难之事。

图3-69　方形产生的硬挺感

图3-70　暖色调产生柔软
感,冷色调产生硬挺感

（2）色彩上的软硬

一般来说,暖色调给人以柔软的感觉,而冷色调则给人以坚硬的感觉（图3-70）。但这并非绝对化,有时也产生个别的例外。例如,金色虽然属于暖色系列,但它却因为给人带来的强烈金属质感,而产生一种牢固、坚硬的感觉。从色彩上来进行软硬质感的区分本身就很抽象,多以设计师的感性直觉来判断,不同的作品也会产生不同的理解。

（3）面料上的软硬

雪纺、针织等给人以软的感觉,而皮制品、牛仔布等给人以硬的感觉（图3-71）。其实对于软硬最直接的理解就是面料的材质,其软硬的判断可以用手部的触觉来进行测定。材质的软硬理解非常直观而确定,而造型、色彩上的软硬区分就显得抽象模糊许多。面料的一些二次处理也会加强软硬的表现,例如褶皱处理能使面料产生不同的质地变化,形成新的视觉和触觉感受,突出软硬感的形象表达,从而更加有助于服装独特造型风格的塑造。

图3-71　棉质类产生柔软感,牛仔类带来
硬挺感

（4）辅料上的软硬

棉质类的辅料给人以软的感觉,而金属类的辅料给人以硬的感觉(图3-72)。例如纽扣类制品,包扣因为使用布料对纽扣进行了包覆,所以在视觉上形成了相对柔软的感觉,而那些经常在职业服中出现的金属性纽扣,就是坚硬、坚固的表现了,透过这种质感所表现出的威慑力,应该就是职业装中普遍选择用金属性纽扣的原因所在。

图3-72　金属类辅料的硬挺感

（二）曲直

1. 含义

一般来说,所谓曲是指事物在外观上呈现出弯转的状态,或者影射事物在处理方式上的不公正,不合理;所谓直是指事物在外观上呈现出的不偏斜、不弯曲的状态,或者影射事物在处理方式上的公正合理。在服装设计中,直给人一种刚毅、稳定的感觉,但也可以表现呆板、僵硬(图3-73);而曲表现出一种柔和、优美,但也可以表现软弱和迷惘(图3-74)。

图3-73　直线造型产生稳定感

图3-74　曲线造型产生柔和感

2. 目的

　　服装设计从整体而言,通常可以把它简单地划分为直线结构和曲线结构。纵观服装的发展历史,我们可以发现,中华民族的服装一直以直线结构的形式来表现中国人的风格和神韵,表达和传递着中华民族的精神和文化内涵;而西方人则是以曲线的立体造型来进行服装的塑造。这其中不免存在文化和思想上的差异,但是随着人类的发展,时代的进步,这种差异已经在逐步缩小,东西方的各种交流在不断增进。设计也在以各种方式进行交融,曲和直都不再成为单一的设计理念,综合地、全面地,甚至是置身与对立面的思考方式已经被广泛采用。

3. 作用

　　在服装设计中,直线形的设计表达的都是服装上舒畅、飘逸的感觉,追求使身体得到最大自由享受的一种舒适自然的和谐。温情之中流动着人体曲线的美感,朦胧之中透露着神秘。而曲线型的设计虽然完美地展现了女性优美的体形,但是却使人与自然整体之间、人与人的个体之间保持了一定的距离。例如腰部的收紧使人体与服装之间丧失了空间,人体只能在束缚中展示着肌体的线条。有着曲线设计历史的西方服装,正是通过夸张的造型反映了西方人对空间的探求心理,以及明显的"自我扩张"的心理动机。

4. 形式

　　(1)造型上的曲直

　　造型上的曲直印象是非常直观的,通常来说,非直线形的物体,例如,X形、O形、喇叭形、郁金香形、酒樽形等,我们都可以视作曲(图3-75)。当然,这种曲可能是整体廓型的感觉,也可能只是服装上的某个局部印象;反之,直线形的造型物体,如方形、矩形等,我们都可以视作直。直的概念相对要好发现、好掌握得多。

　　(2)面料上的曲直

　　一般而言,所有柔软性材质的面料都给人以曲的感觉,而所有硬挺性材质的面料都给人以直的感觉(图3-76)。曲直的塑造其实和上述软硬的塑造大同小异,例如 S 型的廓型塑造中选用了柔软的面料,其贴体型的表述就会相对容易展现;反之,厚实的坚硬的面料在塑造直身的廓型方面,其得天独厚的优势也是显而易见的。

　　(3)分割上的曲直

　　就服装上的内部空间分割而言,是由结构线和装饰线进行划分的。服装是努力将平面的面

图 3-75　O 型服装产生的曲线感

图 3-76　硬挺材质产生的直线感

料通过设计和制作,更美观、更合理、更舒适地对人体进行包覆。故而直线型的分割一穿在立体的人体上,就会呈现出曲线的造型(图3-77)。设计师充分把握这一线性特征,依据形式追随功能的现代设计理念,从美学的角度出发尝试各种手段进行艺术的表现,例如公主线就是一个非常经典的设计,被设计界世代相传。

图3-77 包覆在人体上的
衣纹产生的曲线感

图3-78 光滑感的服装造型

(三)光糙

1. 含义

所谓光是指表面平滑细腻、不粗糙,如平静的水面和镜面。所谓糙是指表面凹凸不平,不细致,如布满沙石的小路。在服装设计中,光糙也主要是泛指面料所带来的质感,真丝、绸缎类的面料光滑平整(图3-78),而麻、呢等面料,因为表面的起伏而呈现出相对的粗糙手感(图3-79)。

2. 目的

面料是服装包覆人体的载物,因此光糙二字的体现也只是相对而言。在服装中即便设计师需要粗糙的表现,真正的粗糙品也是无处可寻的。于是,为了充分表达自己的设计作品,实现特定的设计效果,在符合构思和流行需要的基础上,设计师运用多种设计手法和制作工艺对成品面料进行再

图3-79 粗糙感的服装造型

次加工,改变面料的原有特性,塑造出具有强烈个性特色的粗糙形态。

3. 作用

　　人体需要舒适的面料,但是体现舒适感的大凡都是相同类型的光感面料。为了造就粗糙感的面料而又能确保人体的舒适度,于是,从面料的表面进行加工处理的二次设计也就随之孕育而生了。设计师根据设计的需求,运用不同的手法对面料进行再造,创造出特定的风格来表现自己的服装造型设计作品。不同的表现手法可以表达出不同的粗糙外观,从而增强服装造型的层次感和创新性,而又确保了人体着装的舒适性。

4. 形式

　　服装上的光糙感主要是通过面料进行表现的。除了面料材质的原本属性,面料再造后的材质属性,也都可以很好地体现出光糙的质感(图3-80,图3-81)。例如二次设计中的褶皱设计,即是制作时使用外力对面料进行打皱、抽褶,或局部进行挤压、拧转等定形处理,改变面料的表面外观形态,使其从根本上产生由光滑到粗糙的转变,形成柳条形、水纹形、大理石花纹等自然立体形态。其次,对面料所进行的镂空、剪切、抽纱、披挂、层叠、堆砌、挤压、撕扯、刮擦、烧烙、黏贴、拼凑、编织、绣缀等再造手法,都会使面料产生粗糙的外在质感。

图3-80　分割产生的粗糙感

图3-81　拼凑产生的粗糙感

（四）疏密

1. 含义

　　一般来说,所谓疏是指事物间的距离远、空隙大,所谓密是指事物之间距离近、空隙小。在服装设计中,疏密是泛指服装形态中所进行的造型密集程度。服装设计中为了突出造型的美感,形象的主次,选择服装的某个局部(如肩部、胸部、腰部等)进行造型的堆砌,通过各种制作的展现,表达出一种密集的视觉体会。有时为了强调这种密的感觉,还会通过一定稀疏的、甚至是空白的空间来进行衬托(图3-82)。

2. 目的

设计的门类有很多,但是设计所遵循的原则——形式美法则却是千年不变的。它是通过历代设计师的实践所总结出的关于事物美的规律,是我们进行每一次设计的成功保证。疏密有致的进行整体的表现,会使设计重点突出、形象鲜明,给观者以强烈的视觉冲击。反之如果作品中缺乏疏密的安排,那必然导致作品的平铺直叙,给观者的感受也只能是平淡且无味。所以,为了加强作品的艺术表现力,设计师们都会设法体现疏密的刻画,制造作品的细节,造就艺术的形象震撼力。

3. 作用

疏密是形式美法则中所涉及到的因素之一,服装的形式美法则为服装设计奠定了美学基础,提供了具体构成形式美的方法,是衡量和评判服装是否具有美感的标准和依据。疏密有序的布局可以使服装设计主次分明,中心突出。当然,中心部分是疏是密依据不同的作品而定,但疏密的大小必须按照适当的比例进行控制,主要部分具有统领性,并起着制约次要部分的作用,次要部分对主要部分起烘托和陪衬作用。整体形象上强调主要的,削弱次要的,使用疏密的对比来突出服装的主次关系,营造服装的视觉中心。

4. 形式

疏密关系在服装造型上的营造,可以通过面料的二次设计进行形式的表现。疏的形式表现比较简单,可以理解为整体造型上的一份空白。事实上,万物的性质感觉都是依靠对比得出来的,疏的存在是更加强烈体会密的保证。所以,要在服装中很好地体现出密的繁复,就必须留出适当的空白。密的感觉制造,可以通过在面料上进行绣、贴、缝、钉的技术加工;也可以通过对面料进行抽褶、捏褶、皱褶、缩缝、绗缝、压花、扎结、堆积等工艺制作(图3-83,图3-84);还可以尝试将各种纺织品与针织品、皮革、金属、羽毛、宝石珠片等进行混合搭配,伴随染色、刺绣、材质再造加工等技术的开发创新,表现出令人意外的色彩效果,和丰富的面料表面肌理形状,使服装的某个局部形成密集的造型焦点,吸引观赏者的注意力。

(五)繁简

1. 含义

一般来说,所谓繁是指事物结构复杂,头绪多,通常表现出

图3-82 上下产生显著疏密对比的服装造型

图3-83 通过抽褶产生出整体的疏密变化

繁复、纷乱的事物状态;所谓简是指事物结构单纯,头绪少,通常表现出简单明了、简要精练的事物状态。在服装设计中,繁简是一种体现服装设计中造型多和少的评价标准,与上述的疏密有着基本相同的意义,但是在形式的基础上,更包含了一种对于制作技术难易评定的判断(图3-85)。

图3-84 通过扎结产生出
整体的疏密变化

图3-85 整体呈现产生显
著繁简对比的服装造型

2. 目的

从人类心理学研究的角度来看,大多数人们对复杂的对象表示出高于简单对象的好奇心,复杂的事物在大多数场合吸引着人们去观看和探究事物的深度。凡是使人一眼看穿一览无余的空间,大多容易引起单调的感觉。服装设计中也是如此,过于简洁的表现并非只能评定为空洞和失败,只是要表现一件完美的简洁作品,实在具有太高的难度指数。相反,造型密集的一些形式表现虽然在程序上复杂了些,但是相对而言,在效果的把握上可以简单很多。所以,多数作品更热衷于在服装上进行多种形式表达,哪怕为此付出数倍的时间和代价。

3. 作用

当代的服装设计在强调对人体适应的同时,也加强了服装对多种场合的适应功能。而一件服装要能适应多种场合,唯一的办法就是简洁。正如给概念下定义,限定词越少,其应用范围就越大。同样,服装越是简洁,它的内容反而越丰富,对各种场合的适应范围就越大。但是虽然简洁的风格和功能得到社会普遍的认同,但是要想达到简洁的完美境界却实非易事。相反,凹凸不平、层次丰富、互相穿插、重叠渗透的反复表达不仅耐人寻味,激起人们的赞美感,而且无形中使人们的立体感和深度感油然而生。

4. 形式

近些年来，服装界对简约设计情有独钟，"少即是多"的手法风靡全球，即用最简洁的手法体现服装最丰富的内涵。服装设计师从结构上控制服装形态，使其外形体积更单纯化，减少体积组合和拼接的复杂空间，外轮廓与结构线的关系力求简单和方向的一致。这种形式的表达更为符合高度紧张状态下生活的现代人，他们从心理上更愿意认可简单的东西。而繁复感的塑造可以在整体面料上，利用刺绣、扎染、蜡染、叠加或堆积等工艺手段，把线、绳、带、布、珠片等材料运用其中，使造型产生新颖视觉效果（图3-86）。选择服装的局部（如腰部、胸部、肩部、背部等）进行装饰造型变化，使该部位出现大量复杂的线条，与服装其他的简单空间形成视觉对比，形成强烈的艺术效果（图3-87）。

（六）皱挺

1. 含义

一般来说，所谓皱是指物体表面因收缩或揉弄而成的一凹一凸的条纹，所谓挺是指物体表面呈现出的一种硬而直的笔直状态。在服装设计中，皱挺既可以视作面料所表现出的质感，也可以从大范围上把整体的廓型表现概括为皱挺。例如，对于直线型、光滑的外轮廓外形，我们可以用挺拔等来进行总结分析；而对于那些刻意在外形上制作出种种特定造型的作品，我们就可以用皱的状态来进行归纳（图3-88）。

图3-86 通过叠加产生出整体的繁简变化

图3-87 通过系扎产生出整体的繁简变化

图3-88 直线型外轮廓呈现挺感，反之则呈现皱感

2. 目的

随着科学技术的不断发展，出现了越来越多的工艺技术和加工手段，所有这些技术都成为我们体现服装艺术风格的手段。在款式变化不断受到服装功能性需求的制约时，服装面料上的再创造，丰富与拓展了设计的新思路。故而，设计中除了面料原本的皱挺面貌，通过技术加工处理，也能表现出这些质感。这种经过加工后的面料，不仅与服装风格相辅相成、协调统一，并且最终还能起到完满表达设计理念的物质语言的作用。

3. 作用

皱挺是服装塑形中的重要语言之一，它通过对面料外表形式的处理，突出整体形象上的鲜明对比，形成丰富的、多样的加工表现效果，从而增强作品的艺术感染力。世间万物，皆是在对比中产生美感的，因为叶儿的绿才衬托出花儿的红，对比是增加观者视觉刺激度的一种活泼因子。所以，塑造好皱挺的形式表现，可以将审美表象进行浓缩与延展，进一步体现艺术语言的表达力。

4. 形式

随着社会和科技的发展，服装行业中的面料也有了突飞猛进的变化。高科技的引入，极大地丰富了产品的种类，提高了使用的性能，开发、生产出了大量褶皱式新型面料，并且已经投入到了成衣市场。当然，从设计的角度而言，创新永远是没有止境的，设计人员还在努力通过各种实验，尝试更新的打皱效果。例如把面料折叠成各种形状，然后再进行拼合，通过堆砌、叠加、缝合等不同手段，使面料呈现出一种具有立体状的雕感效果。旨在通过面料折叠产生的肌理效果，加强和丰富服装的造型感，提升服装的造型影响力（图3-89）。光感的表现主要是减少服装内空间的分割，通过剪裁巧妙地隐藏结构线，保持服装大面积的光滑平整，不做任何装饰的添加（图3-90）。

（七）虚实

1. 含义

一般来说，所谓虚是指空的、抽象的、不真实的一种事物状态，所谓实是指符合事物客观情况的、真实的一种状态，同时也具有充满、富足的意义。在服装设计中，虚实是泛指各种表现手法的具体程度。例如，上述

图3-89　保持大面积的平整，产生光挺感

图3-90　通过造型上的堆积产生揉皱感

的光糙、疏密、繁简、皱挺等造型的表现语言,我们可以把光、疏、简、挺理解为虚,而把对立面的糙、密、繁、皱理解为实(图3-91)。

2. 目的

虚实是艺术中非常重要的两个表现因素,无论是物体的明暗表现法还是结构表现法,都非常注重这两种关系的表达。美往往都是通过矛盾的冲突进行表达的,但是想要体现的却是完美的整体性,这是一切艺术的根本法则,也是我们在设计中恪守的基本定律。当然,服装上的虚实表现并不等同绘画及其他艺术中的表现,但是,在造型中设计的理念确是相同的,希望实现的最终效果与目的也是一致的。

3. 作用

在服装设计中,可以通过虚实造型的比衬达到一种设计上的张弛感,从而使设计的主题更加鲜明,个性风格更加突出。设计中若通体采用单一的手法,不仅会产生整体上的单调、呆板感,而且无法形成观赏者视觉关注上的焦点。只有通过刻意虚化某些服装的局部空间,才可能突出相对的实体空间,即设计师想表现和突出的重点。

4. 形式

虚实在设计中的表现目的都是旨在突出主次,但在不同作品中的表现形式却各不相同。例如,面料的重叠,它是通过把几种不同质感或色彩的面料进行叠加、重叠的处理,达到一种重重叠叠、互渗互透的虚实效果,从而使服装产生层次感、丰满感和重量感。这种重叠的设计手法又分为透明面料的重叠、不透明面料的重叠以及透明面料和不透明面料的重叠等,它们的制作效果也存在着一定的区别(图3-92)。还有上面在空间部分对虚幻空间的阐述中,也例证了一些虚幻空间的表现形式,在此就不重复了(图3-93)。

(八) 表里

1. 含义

一般来说,所谓表是指事物外面的、外表的状态,即物体跟外界接触的部分。所谓里是指事物里面、内部的状态,即外界看不见的物体内层的部分。在服装设计中,表里是指一种服装品类上的划分,表是特指用在外面的服装,即我们通常称为外套类的用品,或者表示为服装的正面形态;而里是特指着用在里面的、贴身的服装,即我们通常称为内衣类的用品,或者表示为服装的反面形态(图3-94)。

图3-91 整体呈现产生显著繁简对比的服装造型

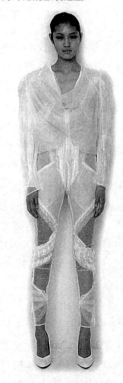

图3-92 通过透明面料的重叠产生的虚实感

图 3-93 通过材质区别产生的虚实感 　　　　图 3-94 强调裙装表里造型的设计

2. 目的

按照生活的常规,表里已经成为一种既定的着装模式,在漫长的历史岁月中,世人也早已习惯了这样的方式。但是,20 世纪 90 年代初,歌坛巨星麦当娜以一款黑色内衣外套黑色西装的装束震惊了全世界,并引发了"内衣外穿"的全球热潮。瞬间,人们被这样一种完全打破常规的思维下诞生的事物彻底震撼了,但随着平静的逐渐恢复,又不得不从心中佩服设计师的超人才华。它为设计界提供了一种逆向的思维方式,表里的模式其实也是人为可以进行设计的。

3. 作用

在服装设计中,过去通常把大部的精力都集中在服装的表面,而对服装的衬里几乎没有设计的概念。但是随着服装行业日新月异的发展,对衬里的设计也逐渐变得精致考究,并且呈现出等同于外表的设计,这一倾向在男装设计中尤其表现突出。它不仅体现在衬里上工整的做工,还包括对衬里面料、色彩、内分割的整体构思。另外,随着设计师创意思维的不断开拓,内衣外穿早已堂而皇之的席卷了时尚人群的衣橱,再也不是什么叛逆性的恶俗。表里在着装模式上的彻底颠覆,也给了广大设计师巨大的灵感启发,思想上的更新和提高,体现在设计上的意义是无可估量的。

4. 形式

表在服装设计上的形式,应该说是本书探讨的全部内容了,在这就不多说了。里的设计有好几种形式:首先,是指着用在里面的服装形式。它的设计必须充分考虑与外表服装的风格统一,有的甚至可以起到画龙点睛的衬托作用。其次,是指外表服装的衬里形式。纵观我国服装的发展,这一形式的设计一直以来没有得到设计人员足够的重视,普遍认为没有显露在外面而不用考虑其审美及功能方面的问题。随着服装行业中国际性交流的不断增进,我们也逐步认识到了这方面的不足,并且开始进行相应的衬里设计。现在,衬里中已经摆脱了单一的尼龙衬面料,而是开始认真选择相适应的材质、色彩,进行细致的内部结构分割,增加存储物品的功能性设计。休闲装中还加入了时尚的纹样设计,同时制作中也加进了许多装饰性的工艺表现。总之,随着设计人员思维模式的不断提高,里的设计也和表的设计一样得到了飞速的发展,使服装从里至外体现出真正的设计、质量和档次(图3-95)。

图3-95 通过材质和色彩的不同进行的裙装表里造型　　图3-96 上下呈现多少区分的服装造型　　图3-97 整体呈现多少区分的服装造型

五、量态
(一) 多少
1. 含义

一般来说,所谓多是指数量大,所谓少是指数量小。在服装设计中,多少是指体现在服装上的造型数量。造型在服装上的表现不会通篇地平铺直叙,而是有重点、有主次地进行位置上的局部构思,因此表现在各个零部件上的造型量一定有所不同(图3-96,图3-97)。

2. 目的

服装设计要取得完美的造型处理,布局上的整体构思起着非常重要的作用。各部件上造型数量的多少、造型的形式、造型所产生的体感影响等都直接关系到最终效果的体现。所以,在设计构思阶段,必须在强调整体的前提下,在某些特定的局部(如肩、袖、胸、腰等)浓墨重彩地进行造型上的堆积,加大造型的数量,突出造型的美感;而在某些局部的造型中则宛如蜻蜓点水、一带而过。这样的一种整体上不同体量感的表现,才能够达到设计上主次分明、重点突出的目的。

3. 作用

服装设计中,造型上的安排不管多还是少,对设计师而言都有着特定的意义,造型形式的多少所产生的作用也只能是相对而言。诚然重点在进行造型塑造的零部件上,通过各种形式的表现,更易形成视觉上的关注焦点。但是,造型密集的、手段多样的地方并不一定就是整体造型中的中心,繁衬简或简衬繁,都必须根据设计师的构思创意而定。例如,在有的设计中,通体进行了繁琐的塑形布局,只在某个点上留出了设计的空白,那么,这个空白反而就会成为设计上的中心,注目的焦点。

4. 形式

在服装设计中,造型的多少形式可以通过很多元素进行表现,如廓型、色彩、材质等。从廓型上而言,通过在不同局部不同造型量的分配,突出主次的关系(图3-98);还可以通过堆、砌、折、叠等多种手法,形成造型的量感,使廓型线呈现相对的起伏感,高低进出形成变化(图3-99)。从色彩上而言,我们在整体色调的把控中,进一步地明确各个局部造型的色彩关系,或统一或对比,或同色或变色,从色彩上更加突出造型的形式感,增强作品的主次性。从材质上而言,可以通过材质的二次处理,使面料肌理产生变化,丰富造型的形式感,即使在同一的单色中也能体现造型的多样性和独特性。所有的造型都必须依靠精湛的工艺进行体现,即使整件服装中造型的地方仅有一个,但只要造型得体,且制作精良的话,展示的效果一定不会逊色于造型繁多的作品。所以,造型形式的多少并不是成果的取决点,关键在于造型的创意和创意后的制作。

图3-98　通过上下不同造型量的分配塑造多少的效果

图3-99　通过堆砌塑造的多少效果

（二）大小

1. 含义

一般来说，所谓大是指在体积、面积、容量、数量、力量、强度、程度等方面超出一般或与之相比较的东西。所谓小是指在体积、面积、年龄、容量、数量、力量、强度等方面不及一般的或不及比较对象。在服装设计中，大小体现的是造型在面积上的量感（图3-100）。通过设计，各种造型的塑造必然会将服装的内空间进行分割，形成若干个大小不一的单独空间（图3-101）。

图3-100　大小不一的袖体造型　　　　　　　　图3-101　大小不一的裤体造型

2. 目的

一件整体的服装是由若干个零部件组合而成，零部件不同其大小面积也不同。面积无论大小都会对造型的最终效果产生一定的影响。故而，在设计前期，应从整体性的角度出发，合理进行内空间块面分割，明确造型上的主次关系；在设计中期，对造型的中心不惜代价进行各种手法表现，对次要部分可以从突出重点考虑，而进行必要的虚化处理；在设计的后期，再一次从整体的角度出发进行全面调整，分割的块面在大小面积上比例协调，互相衬托，努力表现出设计的初衷，达到完满的设计效果。

3. 作用

一件作品从整体而言，造型无论面积大小，都对最终的设计效果起着很大的作用。大的块面中虽然在面积上占优势，但是空间内部的造型布局、色彩配置、材质处理、工艺制作等，都必须花费更多的心思进行构思，否则面积一大就容易显得空洞，但也并不是意味着要把造型塞满每一个角落,而是要全面地、细致地策划好具体的方案,尤其是在这一整块空间是作为整件作品的中心时,就更要谨慎对待了。相对来说,面积小的空间进行造型塑造好像要简单些,其实也不然,面积小了更容易聚集观者的视线,因此我们也必须精心设计制作,哪怕只是一个点。总之,在造型的布局上无论面积大小,都是对整体产生影响的重要因素。

4. 形式

　　无论造型塑造所处的局部面积是大还是小,都可以有很多的艺术表现形式。首先,明确造型的主题重点应该只有一个。整个造型应该只有一个最引人注目的地方,否则会产生杂乱的感觉。这个重点造型设置的位置,即设置在面积大的部分还是设置在面积小的部分,则没有一定即成的规律,而要根据设计师对作品的具体要求而定(图3-102)。其次,在造型设计中,设计师应强调、突出表现造型的重点,使这个重点在体积、大小、数量等方面,与人们平时所熟知的常态造型形成反差(图3-103)。这种反差的表现并不局限于夸大,还可以把设计对象的特征进行缩小。造型重点的夸张还包括部分影响造型轮廓的装饰物,以及服装基本部件的夸大和缩小。最后,通过在和谐比例的视觉基础上,将服装的面积比例进行一些突破常规比例习惯的变化。例如,将大面积的衣片部分进行若干个小面积的组合,或者夸大原来小面积的领片、袖片面积等。分割的面积无论大小,都必须明确服装最终所要呈现的风格和特征,协调好各部分与整体的关系,才能创造出和谐、富有美感的服装作品。

图3-102　上衣中左右边大小不等的造型设计

图3-103　袖身上反常规的大小造型设计

（三）厚薄

1. 含义

一般来说，所谓厚是指扁平物上下两面之间的距离大，所谓薄是指扁平物上下两面之间的距离小。在服装设计中，厚薄是泛指服装材质的厚度，以及通过造型处理后材质所呈现的层次感的尺度(图3-104，图3-105)。

图3-104　皮质面料呈现的厚重感

图3-105　纱质面料呈现的轻薄感

2. 目的

服装材质中的厚薄运用，也是近年来设计中备受设计师关注的一个新视角。当代服装从某种意义上而言，已经完全超越了功能上的需要，更加注重审美时尚的追求。故而应季应时的观念也在逐步消退，不同质感、肌理面料的混搭也成了新的着装风范。诸如裘皮与雪纺之类的全新配搭组合不仅时常活跃在T型秀台上，更是出现在了我们大街小巷的视野之中。材质上这种跨越季节的设计，已经完全被现代的人们所认可和接受，也使设计师从中收获更多的启迪，并萌生出更多方向的创新灵感。

3. 作用

服装的材质本是平面无起伏的，但经过各种造型的处理就产生了突兀的立体尺度感，从而使服装整体增添了细节上的塑造，形成了层次上的美感。厚薄的对比关系被恰如其分地贯穿在造型设计中，不仅可以丰富面料的表面形态，还可以打破季节上的常规穿用方式，使着装者产生尝试的冲动，为他们塑造全新的穿用理念。这种观念上的突破，使设计可以步入另一片天地，创新出更多的形式来促进服装的发展。

4. 形式

厚薄的形式在服装设计的表现上具有很多的方式。首先，通过对不同季度面料的混搭。由于面料本身材质厚薄的差异，使得整体搭配上产生出全新的亮点(图3-106)。其次，通过对材质上的二次处理。利用各种技术手段，使面料出现截面上的不同尺度感，从而形成整体上厚薄的对比。另外,通过对各种造型上的处理。例如堆积、贴补等装饰性手法的运用,造成视觉上的简繁差异,加强厚薄对比的表现。

图 3-106　整体上通过不同材质的混搭所塑造出的厚薄体现

图 3-107　开口深的大领型款

(四) 深浅
1. 含义

一般来说,所谓深,是指物体从上到下或者从外面到里面的距离大;所谓浅,是指物体从上到下或者从外面到里面的距离小。在服装设计中,深浅是泛指服装上的一种切口大小的表现形式,如开口以及分割上的切割程度(图 3-107,图 3-108)。

2. 目的

在服装设计中有很多线的运用,轮廓线、结构线、装饰线都会牵扯一个开口程度的问题。无论深或者浅,对这一程度表现的塑造,都会对整体的造型产生重要的影响。因而,在造型设计中,深入探究深浅的各种表现形式,以及它们所产生的不同的服装风格,对整体的设计效果而言,有着非常重要的意义。当代设计界已经越来越注重深浅的塑造语言,以及透过这些细节所表现出来的新的造型表现形式。

图 3-108　开口浅的小领型款

3. 作用

    服装上深浅的表现对款式的变化起着重要的作用。就领型设计而言,开口的深浅,直接影响领部的造型设计。开口深就形成大领型,开口浅就形成小领型,深和浅本身无美丑之分,只需统一于整体的服装风格之中。再就开刀线而言,刀口深就会显得更加修身,刀口浅就会显得相对宽松一些,这对整体的廓型都起着直接的制约性。深浅表现在服装的许多细节上,丰富了各种款式的造型设计,但是,变化之中的整体统一性依旧是设计的关键,否则,就会显得作品凌乱和无序了。

4. 形式

    在服装设计中,深浅的造型表现在很多地方。首先,在服装的零部件上,如领口、袖窿、腰头等处(图3-109,图3-110),它们的深浅变化直接决定着领部和袖型的款式表现。其次,在服装的分割处,如各种结构线、装饰线等处,它们的深浅变化直接体现着整体造型上的松紧表现程度,对廓型起到重要的决定作用。另外,深浅在某种程度上也体现着一种层次上进深的感觉,在内外层的整体搭配上,把握好服装前后、里外的配置关系,就可以表现出一种审美形式上的递进感。

图3-109 呈小圆型的浅领口　　　　　　　　图3-110 呈V字型的深领口

六、位置

(一)前后

1. 含义

    一般来说,所谓前是指在排列次序上靠近头的,从空间而言,是指在正面的物体;从时间而言,是指过去的,较早的一种表现。反之,所谓后是指在排列次序上靠近末尾的,从空间而言,是指在背面的物体;从时间而言,是指未来的,较晚的一种表现。在服装设计中,前后是泛指从某一角度体现出的造型在进深排列上的位置关系(图3-111,图3-112)。

图3-111　通过造型处理所呈现的前后效果　　　　　图3-112　通过材质区别所呈现的前后效果

2. 目的

　　服装设计从整体而言,在观赏时会产生一种排列上的先后次序问题。一般来说,中心部分是设计师浓墨重彩刻画的重点,故而往往形成强烈的视觉冲击力,首先印入观赏者的眼帘。而其他部分由于设计上的有意弱化,往往虚化在中心的后面,只是起到一种陪衬的辅助作用。任何一幅作品主题重点只有一个,即设计师应将一个造型元素为主,其他造型元素为辅的设计理念执行在设计的全过程。整个造型应该只有一个最引人注目的地方,否则必然会产生杂乱无章的感觉。贯穿于这样的设计思想之中,就比较容易安排出各种元素造型的前后关系,把握住整个作品的中心和主题了。

3. 作用

　　在服装设计中,造型的前后布局在视觉感知中的作用是完全不同的。最先感受到的会给观者留下强烈的记忆,随着次序的递进,感知的冲击力也会随之减弱,最终渐渐趋向平静。所以,设计的中心部分大都重点刻画,极尽设计师之所能,表现出凌驾于整体作品之上的精彩,使中心细节成为整套服装的亮点彩点,进而达到最先进入观者眼帘的视觉印象。服装上余留下的非重点部分,在设计制作时就必须有意识地减少描述,从而突出重点,统一整体,这样的"虚"势必从另一面更加突出"实"的光彩,正所谓"万绿丛中一点红"。

4. 形式

　　在服装作品中,前后的造型关系可以通过多种形式进行表达。首先,根据设计师在整体布局下对中心部分的具体安排,运用多种设计手段丰富它的表现形式,如进行装饰工艺的制作、服装面料的再造处理、与其他配饰品的混搭等,通过各种手段突出重点,加强作品感染力(图3-

113,图3-114)。其次,对于其余部分应该作出必要的退让,尽可能地弱化设计手段,制作方法上也力求统一,避免跳跃的细节,这样整件作品才能有主有次,在整体布局上体现出良好的和谐之美。

图3-115 通过色彩所呈现的上下效果

图3-113 通过配饰品所呈现的前后效果

图3-114 通过装饰物所呈现的前后效果

(二) 上下

1. 含义

一般来说,所谓上是指位置在高处的,以及次序或时间在前的物体。反之,所谓下是指位置在低处的,以及次序或时间在后的物体。在服装设计中,上下是泛指造型在整体中的高低位置关系,也即纵向上的方位关系(图3-115,图3-116)。

2. 目的

在服装设计中,造型的上下布局在整体效果中起着非常重要的作用。服装从品类上划分,可以归为一件式和上下式两种。就一件式的连身款而言,造型重点安排的位置是高是低,在领口、胸部,或是腰节、下摆,都将产生不同的艺术效果,甚至引发不同的时尚潮流。同样,对于上下式的两件装,造型的重点是放在上装上还是下装上,重点只能有一个,布局的位置却直接关系着最终的效果,每一个设计师都必须认真地面对,认真地思考,否则,势必会造成整体上的杂乱无章,而无中心可言。

图3-116 通过造型所呈现的上下效果

3. 作用

造型的布局是上或是下,都会直接制约和影响到服装款式的造型。对于整件作品而言,造型的重点是唯一的,而这唯一又必须通过许多的辅助部分进行烘托,才能达到整体统一和主题突出的艺术效果。故而,造型重点无论位置安排的高低,上下必须保持比例适中,协调呼应,切不可头重脚轻,顾头不顾尾,这样都是设计中非常犯忌的问题,需要全过程时刻注意。纵向的关系处理好了,就好比打通了脉络,疏清了条理,设计上自然也就畅通和谐了。

4. 形式

在服装设计中,造型的上下部局可以有很多形式进行表达。首先是位置上的布局:上部包括领口、肩部、袖窿、胸部(图3-117);中部包括袖口、腰部、腹部、臀部(图3-118);下部包括裤脚、裙摆。横向上可以居中或是偏左、偏右,具体的标点位置根据整体的设计构思确定。其次是手法上的表现基本上类似于一般的造型方法,装饰工艺的表现、面料材质的再造、多种配饰的混搭等,利用多种表现手段突出中心部件的塑造,强调整体上的艺术感染力。最后是整体上的协调。无论造型的重点是上或是下,重点都应该是唯一的,不能重复,否则会显得整体效果的累赘拖沓,应力求上下布局构图中的呼应和协调。例如,重点造型在上部的话,下部可以进行适当的造型点缀,以求得视觉上的平衡效应。

(三)左右

1. 含义

一般来说,所谓左是指面向南时靠东的一边,地理上惯指东方;反之,所谓右是指面向南时靠西的一边,地理上惯指西方。在服装设计中,左右是泛指造型在整体中平行方向的位置关系,也即

图3-117　服装上部胸部处的造型　　　图3-118　服装中部臀部处的造型

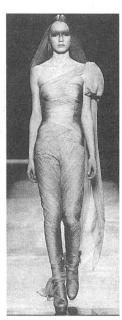

图3-119　侧向于右肩的造型设计　　　图3-120　侧向于左肩的造型设计

横向上的方位关系（图3-119，图3-120）。

2. 目的

服装设计中，造型的布局除了纵向上的关系外，横向上的设计也同样是非常重要的。上下的位置确定后，平行方向上的定位也会产生不同的效果。例如，居中的造型会产生一种庄重、严谨的感觉，而偏左或偏右的造型则会产生活泼、轻快的感觉。同时，每年的流行趋势中，造型物的位置也在不断的变化调整中，哪怕只是一些细微的出入，都演绎出不一样的时尚风情。因此，左右的造型定位成为当代设计师构想的重点，也是每季流行趋势中最突出的表现因素之一。

3. 作用

从常规来说，造型物的位置确定，一般都是先把握纵向的定位，然后再推敲横向上的关系。左或右，更近一步而言，左多少右多少，都是必须仔细并且反复进行比较尝试的。各种风格的服装其造型的格局也形成了一定的模式。总体来说，经典的职业装相对设计上要保守些，造型物的摆放都必须尽量的中规中矩，不能有太大的常规突破。而前卫的青年装中，造型物的定位就可以相对自由开放得多。

4. 形式

造型的左右布局在服装上有多种形式的表现。首先是位置上的布局。左边、右边或是居中，左边又可细分为纯左边还是中偏左，或者左边的居中等，尺度上细微的变化都会导致风格上的差异，所以具体的定位是需要深入探究的（图3-121）。其次是手法上的表现，这些同前面所述的前后、上下造型基本相同，关键在于具体手法的选择，既要吻合整体的风格，又要制造出相应的亮点，保证中心部分造型的醒目。最后是整体上的协调。造型的左右布局和前后、上下布局一样，细微的变化都会导致作品风格很大的差异，所以三思而后行才是确保设计完美的保证。左右的关系要与造型在前后、上下的关系相协调统一，变化的尺度也要力求吻合，这样从整体上才能取得圆满的设计效果（图3-122）。

（四）正斜

1. 含义

一般来说，所谓正是指符合标准方向，不偏斜的意思；反之，所谓斜是指不正，跟平面或直线既不平行也不垂直的关系。在服装设计中，正斜是泛指造型轴线上的走向表现，呈现出的横平竖直或相对偏斜的趋势（图3-123，图3-124）。

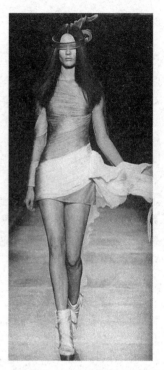

图3-121　裙装上的左倾造型设计

图3-122　整体上保持协调的左右造型设计

2. 目的

在服装设计中,正斜的不同走向代表着完全不同的风格表述。服装设计的艺术风格体现在服饰作品的诸要素中,而造型的方位走向正是其中最明显的表现因素之一。正向的造型比较规整、严密,甚至有些保守、刻板,但对于某些服装的风格体现却是非常适合;反之,斜向的造型较之来说开放活跃得多,体现出的风格也是更加的青春前卫,甚至带有一些反叛的小小倾向。故而,正斜的取向必须慎重地进行斟酌、设计。

图 3-123　整体上呈现正向的造　　　图 3-124　整体上呈　　　图 3-125　通过廓型和
型设计　　　　　　　　　　　　　现斜向的造型设计　　　　分割线表现的斜向造型

3. 作用

正与斜就字面理解即有着截然相反的解释含义,同样在服装设计中,两者也意味着互相对立的设计作用。正除了表示出设计分割上的一些横平竖直的关系外,还代表着一些正统的、规范化的东西;而反之,斜除了表示出设计分割上的一些偏斜不正的关系外,还代表着一些反叛的、创新化的东西。服装的风格决定了设计中的很多细节和元素的表现,正与斜的造型处理同样也必须遵守在这个大范围之内,统一于整体之间,才能取得完满的艺术收获。

4. 形式

正斜在服装中具有多种的表现形式。首先,在服装的开口上,如领口、门襟、袖口、衣摆、裙摆等。正斜各自产生着不同的视觉效果,在设计中一定要把握好整体风格之后,再进行适当的造型方向选择。其次,在线条的走向上,如服装中各种分割线、装饰线等(图 3-125)。当代服装非常执着于内空间的分割表现,于是线条的走向也成为设计焦点,对此的研究也成为众多设计师出奇制胜的"杀手锏"。最后,在图案、饰品等物的表现上,如衣身上图案以及装饰物摆放的方向性,均会因为正斜而产生不同的艺术效果。

第三节　服装造型文法

　　人的审美能力主要来源于大自然的熏陶,美是大自然的特质之一,它存在于青山绿水之中,并时时刻刻地反映在日常生活中。大自然的美是客观存在着的,人们在自己的生活中通过感官和感觉,按照自己的生理与心理,以及在社会实践中的认知状态,逐步地体验到大自然美的性质与规律,获得了人类发展的高度情感——美感。艺术工作者就是在这种美感的基础上逐步形成了自己的审美观,并用以指导自己的艺术实践,使之创造设计出具有一定社会价值和审美价值的作品。古人云:"外师造化,中得心源。"大自然与现实的生活实践是我们无穷无尽的创作源泉。大自然中呈现出的各种现象,不论是鲜花芳草、飞鸟游鱼,或是日月星辰、风雨雷电,甚至科学家们借助于显微镜、望远镜,在微观和宏观下获知的奥妙无穷、深遂莫测的各种形象,它们所呈现的分合、聚散、俯仰、伸曲的不同形态以及有秩序又和谐的运动规律,都给我们以深刻的启示和无尽的联想。

　　服装的造型设计是一门视觉艺术的创造,服装设计中的造型美与美学中的形式美关系极为密切,其两者的法则是一致的。美学中的形式美是指生活、自然界中各种因素(色彩、线条、形态、声音等)的有规律的组合。服装款式造型就是通过这种形式美来表达的,是按照一定的艺术规律来进行服装造型构成的。在服装设计过程中,演变与固化、节奏与韵律、比例与重心、整体与局部、简约与繁复、对比与统一、对称与均衡、单一与反复等形式法则被广泛使用。服装美不是纯潜意识的创造,而是按照美的规律和形式创造出来的,掌握服装造型的基本要素和原则是创造服装美的设计经脉。归纳形式美的表现大致可以从以下几个方面来认识与研究。

一、演变与固化

1. 含义

　　一般来说,演变是指相对历时较久的一种发展与变化的过程。固化是一个科技名词,是指由于热作用、光作用、化学作用在涂料上形成所需性能连续涂层的缩合、聚合或自氧化的过程。在服装设计中,演变是指将设计元素的原来状态进行性质或形态改变以后,再进行量态调整,具有多变、奇特的效果(图3-126)。而固化是指利用设计元素的原来状态,不作性质和形态的变化,仅作量态的调整,具有稳定、直观的效果(图3-127)。

2. 目的

　　演变与固化是同一事物矛盾的两个方面,两者之间是相互对立而又相互依存的整体关系。布鲁诺认为,整个宇宙的美就在于它的统一与变化。他说:"这个物质世界如果是由完全相像的部分构成的,就不能是美的了,因为美感体现于各种不同部分的结合中,美就在于整体的多样性。"这段话充分说明了这一点,即在变化中求统一,统一中找变化。

图 3-126　演变设计造型

图 3-127　固化设计造型

3. 作用

　　演变与固化是形式美的法则之一。演变通过对事物性质或形态的调整,使物质状态产生奇特的艺术改变,从而达到以旧求新的创作目的。而固化通过不同或类似的形态要素的并置,造成一致或具有一致趋势的感觉,在差异中求取一致性和共通性,达到整体统一的艺术效果。

4. 形式

　　服装创新在不断拓展设计空间的同时,最终还是按照我们的出发点进行联想的。故此在设计中统一的形式、结构、细节等都是形成服装整体感的因素。演变与固化是形式美的两种不同表现形式,两者之间存在着相互对立而又相互依存的整体关系。演变通过对设计元素质的转换,使服装的视觉感官从根本上发生了变化,然后才进行一些量的调整排列与组合。例如,将服装的某一零部件采用全新材质,与整身的面料形成较大的反差对比,唤起观赏者的新鲜刺激感(图 3-128)。西班牙设计大师帕克·拉帮纳于 20 世纪 60 年代推出的金属服装,就在时装界掀起了很大的风潮。而固化则是一个相对稳定的、循序渐进的变化形式,造型的设计通过对不同形态的一致性构思,来塑造作品的整体性和一致性,异中求同达到服装的整体美。

图 3-128　通过袖体材质变化进行的演变造型设计

二、节奏与韵律

1. 含义

一般来说,我们把有规律的变化与动感称为节奏。节奏始于对人心理活动的描述,心理学家称之为"节奏知觉"。节奏通常指音乐中交替出现的有规律的强弱、长短的现象。韵律是指诗歌中的声韵和节律。在诗歌中,音的高低、轻重、长短的组合,匀称的间歇或停顿,句中、句末或行末用同韵同调的音相和谐,就构成韵律。韵律加强了诗歌的音乐性和节奏感。在服装设计中,我们把在视觉上形成有规律的起伏和有秩序的动感,展现出律动效果的表现称为形式美规律中的节奏(图3-129)。它通常表现为造型、色彩等在一定的时间和空间内,间隔周期性的循环。韵律是相对节奏而言的另一种形式法则。韵律体现出一种十分柔美、缓慢的节奏,它展现在形与形、线与线、色与色之间的和谐关系上,是指两个以上形、线、色的相互关系以及整体效果(图3-130)。

图3-129 由色彩带来的造型上的节奏感

2. 目的

节奏和韵律均为音乐术语。音乐的节奏使声音具有周期性的连续、交错、重叠、互补,由此而形成大小强弱、轻重缓急的无尽变化,并使之合乎一定的规律。而韵律则是统一或统一之中有变化效果的体现。韵律美感尤以音乐中的丝弦乐来作比喻最为恰当。它使人感悟到春风吹拂,微波荡漾的轻柔与流畅。如用文字比喻,那只能是"畅、柔、和、顺",而不应是"逆、乱、反、燥"。服装设计在形式美感上同样是从形、色、质,乃至表现手法等诸多方面运用以上规律求变化,在特定的范围内利用外形的大小正负、位置的上下高低、色彩的深浅冷暖、质感的交错反差,使之综合成一个完美的整体。作为造型艺术的服装设计,是借用节奏和韵律来表现服装造型中的诸多因素,经过精心设计而形成的一种秩序性,再按照一定的规则递增或递减,并伴随一定阶段性的变化,创造富有律动感的形象。

3. 作用

韵律与节奏均是体现动感的形式法则,倾向变化与对比的特质,是生动、活泼效果的展示,两者的区别是节奏展现出作品灵动、跳跃、变化的一面,而韵律则更强调作品柔美、调和的一面,关键是看设计师如何体会和把控了。掌握了节奏和韵律的成因规律,就可以将设计中的形、色、质等繁杂万象的个因按节奏和韵律的规律另行调配组合,使单一变为繁复,无规律变为有秩序,使平淡变为丰富,使呆板变为生动。将大小、偶奇、缓急、疏密、起伏等造型元素组成抑扬顿挫的形式感,并产生和谐与韵律的美感。

图3-130 由线条带来的造型上的韵律感

4. 形式

在服装设计中,节奏与韵律的表现形式有多种类型。首先,表现在渐变的效果上。无论是造型、色彩,还是表现手法与组织排列,均应在表现中突出渐变而决非突变,强调秩序而否定杂乱与过分的悬殊。其次,表现在形态的组合上,节奏有强弱、轻重、缓急的表现形式,运用到造型艺术中,它体现为形态组合方式的反复、对称、渐变、律动和自由的配置。节奏与韵律都是指运动过程中有秩序的一种连续,故而,把运动中的强弱变化有规律地组合起来,并加以反复就形成了节奏。例如,女式折裥裙、波浪裙,衣缝的线条处理和缉细裥工艺装饰,以及抛袖、滚边花边、镶饰制绣等都可以演变出种种节奏感,形成各种美妙的韵律(图3-131)。最后,表现在点、线、面、体的运用上。造型艺术的节奏感都是通过点、线、面、体的综合运用,规则和不规则的疏密、聚散和往复创造出来的。在服装设计中,为了达到有虚有实、有疏有密、有冲突、有回旋的艺术感染力,常常运用点、线、面的结合,直线与曲线的反复,面料、色彩规律性的变化等创造出音乐般的节奏感和韵律感。例如,服装上纽扣的排列可以产生节奏和律动感;面料上的格子、条纹等也可以通过不同形式的反复形成柔和的韵律;裙摆、袖口、领巾等的叠皱,随着人体的运动而形成的自然优美的韵律(图3-132);礼服设计中常常采用的多层波浪花边,层层递减的造型也会产生和谐的节奏。

图3-131　通过线条处理演变出节奏和韵律感

图3-132　运动中的衣纹所产生的韵律感

三、比例与重心

1. 含义

一般来说,比例是技术制图中的一般规定术语,是指图中图形与其实物之间相应要素的线性尺寸之比,是数量之间的一种对比关系。重心在几何学上是指三角形三条中线相交的一点。在物理学上则是指物体各部分所受重力的合力的作用点,整个物体的重量可看作全部集中在这一点。在设计中,比例是指一件造型物品的各部分大小分量,长短尺寸与整体的比较关系。从服装设计的角度来说,比例就是指服装各部分尺寸之间的对比关系。重心是指造型整体中的中心部分,是设计师刻意强调和突出的细节亮点,在整个设计中起着关键性的支架作用(图3-133,图3-134)。

图 3-133　重心在上部的造型设计　　　　　　　　　　图 3-134　重心居中的造型设计

2. 目的

　　服装行业强调"量体裁衣",要求把衣服做得适身合体。所谓合体,就是衣服的尺寸和穿着者的体型比例适度。凡是人们感到愉悦、舒服或是让人陶醉甚至心情激动的事物都是美好的,而美的物质都是遵循了比例适度及完善和谐的美学法则。服装比例设计的不同效果不仅对人们的视觉有着很大的影响,同时对服装的审美心理也有着相当重要的作用。主要的重心部分具有统领性,制约次要部分,次要部分对主要部分起烘托和陪衬作用。强调主要的,削弱次要的,造型中多用此种方法来突出主次、营造服装的视觉中心。

3. 作用

　　比例是世界上任何事物的结构基础,更是体现客观事物美感的重要因素。艺术设计工作就是着力于调整整体规模中各个局部彼此之间的比率、秩序和对比的关系,并将其逐一和谐地体现出来。服装设计也决非例外,服装款式造型的区别首先源于各部位之间比例的差异,这是设计的第一要素。在服装设计中比例是决定服装款式各部分相互关系,以及服装与人体之间关系的重要因素。重心是整体的生命线,是作品的灵魂所在,造型的一切都必须为了更好地烘托重心的存在,增加艺术感染力,营造视觉冲击力。故此,造型中只要处理好了重心的设计布局,整体也就基本大功告成了。

4. 形式

　　比例是事物整体与局部,局部与局部之间重要的关系,在服装设计中比例是决定服装款式变化创新,以及服装与人体关系的重要因素。首先,衣身长度与宽度的比例就决定了该款式的基本造型,或为宽松离体型、或为瘦长贴体型、或为常见常用的合体型这样的造型三大范畴。其次,衣身的长度与衣袖长度的比例也是决定款式造型的关键要素。就单单衣袖而言,就存在许多的比例关系,如袖长与袖宽的比例、袖窿宽与袖口宽的比例、领口宽与肩宽的比例、衣身宽与口袋宽的比例等。这些比例关系决定了式样的变化及款式造型的差异。另外,服装外形的长宽与领、袋、袖等部件之间还组成了一种重要的比例关系。这种比例的创新在很大程度上决定了款式的创新。服装的肩、胸围、腰围、臀围和裙摆等与人体的紧贴宽松程度、衣长与裙长的比例、袖长与衣长的比例、各个零部件在长度、宽度、大小、面积、色彩、面料图案等方面的比例,都可变化组合成丰富多彩、风格变异的服装造型(图3-135)。因此,不同造型设计成功的服装中总是蕴含着美的比例与合理的尺度。同时,主次重心的安排也充分地体现于各比例的布局之中,布局的形式是丰富多样的,但目的、宗旨只有一个——突出重心、服从整体(图3-136)。

图3-135　有悖常规的上下比例造型

图3-136　服从整体下的重心突出

四、整体与局部

1. 含义

　　一般来说,整体是指整个事物的全部,或是指诸多纷繁复杂事物的统一共性。反之,局部是指非全体,一部分。局部乃针对整体而言,具体说就是组成全局的各个细节细部,它是构成整体不可或缺的各个部分。在服装设计中,尤其是形式美法则的表现上,整体被视为一种思考问题的方法,被视为是总体的目标,首要的效果(图3-137)。这是每项艺术设计最重要的,贯穿于始终的任务。而局部是整体的组成部分,整体通过局部进行表达,局部又从属于整体(图3-138)。

图3-137 呈现强烈整体性的服装造型

图3-138 突出局部点缀的服装造型

2. 目的

对于初学者,老师总是在耳边不停地叮嘱:"要注意整体效果""要先整体后局部再归回到整体"。生活中也常听人们相互戒训:"为人做事切莫因小而失大""切莫捡了芝麻而丢了西瓜"等劝告的忠言。从这些理念和行为标准中,我们足可见人的世界观与处事观中,都十分重视大事与小事的区别,整体与局部的关系。思考问题讲究胸怀全局,从整体考量,当然,具体的工作仍要一步一步去做,由小到大,由少到多,由局部发展至全局整体。

3. 作用

任何局部只有改变它的孤立存在而归属于一个完整整体时,这个整体的各个局部才会体现出它应有的价值。所以说整体观念是艺术设计中首要的问题,更是人们认知所有事物、思考问题、解决矛盾的思想方法及工作方法。如果没有整体观念只从局部着眼,这是不能处理好工作的,艺术设计在这个问题上的认识就尤显重要。相比之下,一切其他的构思,其他局部的设计都只能是插曲和支流,只能用来为整体服务,而决不能分散和削弱整体,分散人们对主题的凝聚力。设计中往往会被过份支节局部的效果所吸引,而忘乎所以,这是尤其要注意的。

4. 形式

在我们的设计工作中,就是要将整体形式中的各个局部之间的比例、次序和对比的关系表现出来,从而达到和谐整体的美。平面设计中主次体的比例或是立体设计中长、宽、高三者正确的比例关系均是体现了美的形式法则。整体与局部两者密不可分,宏观上整体是首要、是全局,是艺术设计中自始至终要牢牢掌控不可忽视的,然而设计中的每一局部细节都要为整体感"添砖加瓦",为它服务。因此,整体感的优劣是来自于各个局部乃至每一细节的"投入"与"推敲",并从属于整体(图3-139)。在牢牢掌控着整体感的同时,又必须在作品的每一局部细节处花大力气予以投入,整体效果才会更完整理想(图3-140)。设计过程中,对每个局部均要求在特定的范围内利用其形的大小、位置的上下高低,色彩的鲜灰冷暖,使之综合为一个完美的整体。整体与局部就是这样的主次从属关系。两者密不可分、缺一不可,两者又必分清主次从属,这是艺术设计工作的关键。

图3-139　强调统一性的整体造型　　　　　　图3-140　强调细节性的局部造型

五、简约与繁复

1. 含义

一般来说,简约是指一种力求语辞简洁扼要的文体风格。其特点是简洁洗练,单纯明快,辞少意多。反之,繁复是形容声势、规模等很大很大,繁多复杂的一种表现。在服装设计中,简约不是简单的"少",而是一种概括提炼,是艺术的再创造,简约的过程在于减去非本质的东西,取其最典型、最具特质的部分来表现(图3-141)。繁复相对简约而言,它显示出雍容华贵而富丽,略带一些夸大,略显一点张扬(图3-142)。

图 3-141　塑造简约感的服装造型　　　　　　　　　　　　图 3-142　塑造繁复感的服装造型

2. 目的

简约与繁复,这两者是对立矛盾的双方各自呈现出的相反效果。它们双方既相互依存,又无时无刻不在相互转化着。简约是相对繁复而言,而繁复又是相对简约而生,它们相互衬托,相得益彰。简约与繁复是紧密联系在一起的,是同一形式表现的两个不同方面,它们均以对方为依托各自夸张地展现着自我。简约与繁复是艺术设计中形式美感十分奇特的孪生儿,是一对反差极至、面目全非、绝然不同的两种表现形式。它们是两种审美标准的展示,是两种艺术风格的比较,更是艺术审美极至发挥的较量。

3. 作用

简约与繁复在艺术设计中都有着极其重要的作用。简约通过对物体形状的概括,达到表现其特征、浓缩其精华,突出地将设计师最富灵感,最能呼之欲出的部分表现出来,做到美化其形,突出其神,使得设计的作品更典型集中,更优美生动。因此我们通常概括言之:去繁就简是形式,去粗取精是实质。繁复通过对创作素材的艺术添加,使得作品在设计语言上更加丰富,设计手法上更加饱满,从而使作品取得完满的艺术成效,设计因素更加的丰满、生动和理想。

4. 形式

简约的重点是"简"——删减什么? 保留什么? 突出什么? 这些问题,各人的看法是不会相同一致的,但有一点是可以肯定的,即简约的成败优劣很大程度上取决于设计师的审美标准,对美感把握的分寸,以及其自身的审美情趣和素养。还取决于设计者对生活,对大自然是否有一个天性的融入,有一个深刻而本能的理解。只有热爱生活,注重提高自身审美品味的人,才能较准确地认识到什么是精华?什么是糟粕?才能做到恰到好处的简约(图3-143)。繁复的艺术效果多来自于"加法"的运用,即在原有的素材中添加一些美的元素,这种手法的运用,同样不能缺少原有创意的基础,只能在这个基调上做适度、相协调的"加法"(图3-144)。这种手法也总是离不开大与小、多与少、曲与直、疏与密、虚与实、粗与细等的对比。繁复的效果要适度,过分的繁复就成了臃肿与杂乱,使人产生反感,我们常说"画蛇添足"就是添加不当。因此添多少?加哪儿?必须由美感来决定,我们设计师应有良好的审美素养。在关键部位,真正做到"一笔不可多又一笔不可少"。

六、对比与统一

1. 含义

一般来说,对比是指性质相异的双方并存的一种现象;反之,统一是指诸多纷繁复杂事物的整体感。在服装设计中,统一表现为对内容与形式一致性的追求,努力使造型的变化取得和谐、调和的效果,以达到整体上相互关系的一致性、协同性,使相互间的对立从属于有秩序的整体(图3-145)。对比则主要是通过形态、色彩、材质等视觉要素来表现的,如形态中大小的对比、色彩中浓淡的对比、材质

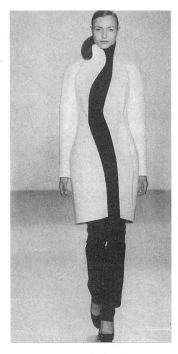

图3-143　通过保留精髓本质塑造简约

图3-144　通过表面装饰处理塑造繁复

图3-145　各元素高度统一的服装造型

图3-146　色彩上高度对比的服装造型

中光糙的对比等(图3-146)。

2. 目的

对比与统一是构成美感的两个方面,是矛盾的双方,又必须是矛盾的统一结合,它们之间同时并存。这种并存只有在它们两者比例适度,相互融洽、和谐乃至转化互补的时候,才体现出美感,才会体现出统一之中有变化,变化之中求统一。大统一,小变化,先统一,再变化或是先变化再统一,使局部变化达到最终整体统一,两者达到了这种程度就是形式美感呈现出最佳的效果。服装设计中必须处理好对比与统一的关系,在对比中求统一,在服装色彩和面料材质上表现一致,从而使服装主次分明,造型突出。

3. 作用

对比与统一在艺术设计中都有着极其重要的作用。设计中性质相异的两个元素临近或并置时,会使并列双方的特征更具显著鲜明,艺术效果产生明显的对比与变化,效果更为生动活泼,这是元素"单一"存在而无法达到的。而作为形式美规律的统一因素,就在于它把一切形形色色的内容,局部的表现有机组合起来,使每个局部因素都各就各位,使其一与其他和谐映衬,使诸多因素之间彼此协调配合,互助互补,只有这样各自才会更好地发挥它应有的价值和作用。任何事物只有改变它孤立存在而归属于一个完整体时,这个整体的各个局部才会体现出它应有的价值作用。这是艺术形式与规律一个必要的前提条件,是一切形式美感产生的先决因素,是美感的基础。

4. 形式

服装设计中的统一,需要艺术设计家在深厚宽阔的审美素养和艺术积淀基础上,在设计创作工作中整合全局,始终将作品的整体性统一感放在首位。(图3-147)。而对比的形式通常有:款式的对比,如繁与简的对比、曲与直的对比、大与小的对比以及规则形与不规则形的对比等;材质的对比,如轻与重的对比、坚与柔的对比、紧与松的对比、粗糙与光滑的对比以及肌理效果的对比等;色彩的对比,如明度上明与暗的对比、纯度上鲜与灰的对比、色相上冷与暖的对比(图3-148);面积的对比,如双方形态、色彩面积上的大小对比、双方并置时位置的集中

图3-147　通过各元素的单一化塑造整体性

图3-148　鲜艳与灰暗的纯度对比

与分散的对比等。

七、对称与均衡

1. 含义

　　一般来说,对称是指相对的两部分在形状、大小、长短和排列上都相等和相当。均衡是指分布或分配在物体各部分的数量相等,均匀平衡。在服装设计中,对称是指以中心线划分上下或左右结构完全相同,即同型同量的组合(图3-149)。如服装的色彩、面料的纹样、零部件、分割线等常采用对称形式。服装造型的均衡是服装对称结构的变化,是在假想的中轴线两侧呈现不同的形态,但给人的感觉又是相等的,份量是差不多的,即形不等而量等,为"异形同量",是同量而不同形的组合,给人视觉与心理上的平衡(图3-150)。这种平衡是以不失重心为原则,达到形态总体的均衡。

图3-149　同型同量的对称造型

图3-150　异型同量的均衡造型

2. 目的

　　对称是保持物象外观匀称的一种法则,凡是具有美感的设计,设计师们大多都会运用这一形式法则。均齐的形式在结构上都有着严格程式化的格式和规律,这也是对自然物象结构的揭示。这些大自然的结构规律造就、塑成了人们对美的根深蒂固的看法和对美的形式法则的认知,对称体现了严肃、庄重、规整和静态的美感,条理性强,效果端庄而富于稳定。它是倾向于"统一"形式的,但表现不当,又易呆板单调,沉闷而少生气。故而,设计中我们又常以不同的形象作均齐对称的安排,使总体对称而局部又不对称,使均齐的形式有所变化。均衡既继承保持了对称的特质和优点,又融入了变化活泼、自然生动的非对称的艺术要素,形式与效果上更趋向理想、完美。

3. 作用

对称形式,感觉安定,但因为太简单,所以带有朴素性和生硬感,也可以从中体会到严格性。比如中山装的造型以及某些东方民族服饰中的图案形状都有一种"对称感",给人的感觉就是严肃古朴甚至呆板。随着现代服装设计个性化和趣味性的不断发展,完全意义上的对称形式会显得款式的单调和拘谨。因此均衡式设计更加受到广大设计师的青睐。用改变面积大小,变化色彩的配置,门襟、扣子的变化,领袖及外形的变化,装饰点缀的变化等手法来最终达到一种动态、变化的美,既求得了整体造型中的统一,又丰富和突出了细节的变化。

4. 形式

对称造型分为三种形式:一是单轴对称,如中山装的造型设计,以前中心线为对称轴,其两侧的造型完全相同(图3-151);二是多轴对称,如双排扣西服的纽扣布局,就是以两根轴为基准进行造型设计的对称组合;三是旋对称,以一点为基准,简化造型因素进行方向相反的对称配置,犹如以风车中心为点,风旋转动一样。为了缓解和降低对称导致的服装风格上的刻板和僵硬,设计师经常采用一些小的细节,来打乱这种完全的对称造型,如休闲西服的式样可以打破对称的格局,在衣领、口袋等作一些变化的活泼设计;礼服设计可大胆借助非对称款式,以获得不同凡响的艺术效果,并起到了画龙点睛的设计效果(图3-152)。

图3-151　单轴对称的服装造型

图3-152　轻松活泼的均衡造型

八、单一与反复

1. 含义

一般来说,单一是指项目少、种类少、不复杂的物态,反复是指翻来覆去重复以前出现过的物态。在服装设计中,单一是指控制相同的设计元素在一个产品上出现的次数,并且控制其他不同设计元素的出现。反复是指把相同的设计元素在一个产品上出现数次。一个简单的设计元素依据一定的方式出现数次以后,这一设计元素本身的性质也就必然导致了改变(图3-153)。

2. 目的

单一在形式美规律中可理解为统一、同一或是条理、简约,也可以理解为相同元素在设计中所呈现的共性,它是形式美法则中又一条重要的法则,是大家应予充分理解和重视的。设计中连续纹样的结构形式就是将单一的元素作反复的排列配置,这就是最佳的统一与变化原理的体现。虽然排列极富变化,但由于基本元素单一,并没有产生出杂乱无章的视觉效果,充分体现了单一与反复这一原则在设计运用中的互依互辅以及效果上的相得益彰。

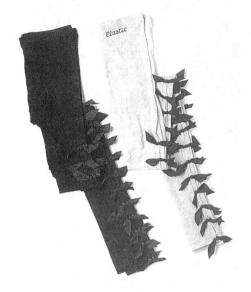

图3-153　单一元素的反复造型

3. 作用

在服装设计中,单一的感觉主要源自于设计元素的数量,款式、色彩、材质、装饰、配饰等的过度统一,就会形成视觉感受上的单一。但若是单一的元素出现的次数增多了,反复和交替地在服装的某个部位出现,又势必会产生和出现设计上的秩序感,从而打破因单一元素而造成的总体上的单薄感,并使服装呈现生动活泼的情趣性。在艺术创作中,我们不应将某一规律孤立理解和运用。虽然各种美的法则所表现的程度不同,但它们是从不同的角度来体现的。

4. 形式

在服装中,反复和交替使用单一元素是设计师常用的一种手法,在服装的各个部位多次重复性地出现某一造型元素,使用相同的色彩或图案花纹。例如,在服装的领口、袖口、袋口、下摆处重复使用相同的二方连续图案;在一款肥大的袖型上多次系扎,形成一个个小灯笼袖的反复;交错使用相同的辅料和配饰,如拉链、纽扣、蝴蝶结等。造型元素的反复使用,会形成整体上的秩序感和统一性(图3-154)。但同时也要求设计师具备较强的整体掌控能力,因为重复运用单一要素有时也会导致琐碎、凌乱。造型、色彩和材质各自具有不同的性质,三者的不同变化都会产生不同的设计效果(图3-155)。

图3-154　单一纹样塑造的秩序感和统一性

图3-155　色彩变化的单一元素产生的炫动感

本章小结

　　服装造型作为人类设计文化和思想传递的载体,将其语言化后,其一方面承担设计师对内的自我剖析、自我认知、自我理解;另一方面帮助服装造型特征对外的表达。从功能角度看,它是一种工具。对内,它可以帮助人们进行思维活动;对外,它可以帮助人们传达信息。从语言学的角度来理解和研究服装造型,可以发现服装造型中蕴含着语言的一般属性,同时富有服装造型特有的信息特征,它有着借鉴语言的理论基础,但也存在着自身形式的限制。也许从语言学的角度去阅读、诠释服装造型,可以更本色、更切入本质地认识和了解服装造型理论知识。本章重点,一为服装造型语言的本身构成,二为服装造型语言的文法规则。这两者存在于每个使用这种语言的人的脑子里,表现在服装造型语言当中。

思考与练习

　　1. 简述人体美与服装美两者之间的关系。

　　2. 服装设计中的造型美与美学中形式美的区别和联系。

3. 从语言学角度尝试分析服装造型语言的能指与所指。

4. 阐述现代服装造型语言的文法风格多样化的缘由。（可以从服装造型的流行趋势角度出发）

5. 分别运用点、线、面、体四大造型元素对服装的某一部件进行设计。（如领子、袖子）

第四章

服装造型的廓型设计

　　从广义上讲,服装造型设计包含了服装外部轮廓造型到服装内部款式造型两个范畴。但在一般情况下,服装造型设计更倾向于服装的外部设计,即服装的廓型设计。服装廓型设计是服装造型设计的重要组成部分。服装廓型是服装造型设计的本源,同时,服装廓型的变化又影响和制约着服装款式的设计。服装廓型是区别和描述服装的一个重要特征,不同的服装廓型体现出不同的服装造型风格。纵观中外服装发展史,服装的发展变化就是以服装廓型的特征变化来描述的。服装廓型的变化是服装演变的最明显特征。服装廓型以简洁、直观、明确的形象特征反映着服装造型的特点,同时也是流行时尚的缩影,其变化蕴含着深厚的社会内容,直接反映了不同历史时期的服装风貌。服装款式的流行与预测也大多是从服装的廓型开始,服装设计师往往从服装廓型的更迭变化中,分析出服装发展演变的规律,从而更好地进行预测和把握流行的趋势。深入地了解和分析服装廓型及其发展变化规律,借助服装外部廓型设计来表现服装的丰富内涵和风格特征,是服装设计师的设计修养与设计能力的综合体现。服装廓型是服装形象变化的根本,人们总是在不断创造新的形象,产生新的服装廓型,未来的服装廓型是我们不可预知的,但其围绕美的主题却是永远不会改变的。

第一节　服装廓型设计的概念

　　服装廓型设计，是根据人们的审美理想，通过服装材料与人体的结合，以及一定的造型设计和工艺操作而形成的一种外轮廓体积状态。廓型是款式设计的基础，它进入人们视觉的强度和速度高于服装的内轮廓，最能体现流行及穿着者的个性、爱好、品味，是服装款式造型设计的根本，也最能反映服装的美感。在服装艺术的创造活动中，廓型作为一种单纯而又理性的设计，是创造性思维的设计结果。它是较细节而言更加明确有效的传播手段，能给予视觉、知觉以深刻印象，进而突出服装的风格。

一、服装廓型设计的定义

　　服装廓型原意是影像、剪影、侧影、轮廓，而服装设计中将它引申为外形、外轮廓、大形等意思。服装的廓型是指服装的外部造型剪影，是服装造型设计的根本。服装造型的总体印象是由服装的外轮廓决定的。欣赏一件服装作品，首先给观赏者印象的是两个要素：色彩和外形，然后才是其他。由此可以看到，造型在服装设计中的重要地位，而廓型设计则是造型设计的首要。

　　任何服装造型都有一个正视或侧视的外观轮廓，这就是人们在预测和研究服装流行趋势中常常提到的廓型，廓型是从某个视觉角度对服装造型特征的一种简单的、直观的概括。服装廓型美是服装美感的重要体现，影响其美感的因素有很多，包括人们的审美理想、人体审美区域的变化、审美文化传统、服装使用功能等，正是这些因素的存在，造就了千姿百态的服装风貌，使服装廓型得以不断翻新变化。

二、服装廓型设计的特征

1. 造型风格和人体美的重要表现手段

　　服装外形线不仅表现了服装的造型风格，也是表达人体美的重要手段。尽管服装造型随着流行趋势和人们的喜好总在千变万化，但由于绝大多数服装都要作为实用品最终穿着在人体上，所以，服装造型总是万变不离其中，均以人体为核心和载体进行构思和设计。从着装的目的出发而论，人们穿着服装不外乎是为了表现人体之美、掩饰人体不足和改变人体自然体态、美化装饰这几个方面。不同时期的人们会根据当时审美标准的不同，不断地进行合乎理想的改造。人们总是按着自己的审美，通过服装和身体，塑造着理想的外形轮廓（图4-1）。

2. 服装的造型手段和时代风貌的体现

　　每季服装流行的变化都是以廓型的确立而展开的，廓型是流行转化中的重要元素。服装廓型是时代的一面镜子，透过廓型的特征和演化，可以看出社会政治、经济、文化等不同方面发展的信息（图4-2）。

图 4-1　服装通过廓型塑造人体的完美

图 4-2　近年来伴随着休闲风席卷而来的"□"型服装

三、服装廓型设计的要点

服装廓型美是服装美感的重要体现，影响其美感的因素有很多，人们的审美理想、人体审美区域的变化、审美文化传统、服装使用功能等都对服装廓型有影响，正是这些因素的存在，造就了千姿百态的服装风貌，使服装廓型不断翻新变化。美化人体是服装造型的目的，服装造型是美化人体的手段。因此只有准确把握人体运动规律，理解、掌握人体结构和不同着装需求，才能创造出优美、合理、具有时代感的服装廓型。

第二节　服装廓型设计的分类

服装形态的特征以轮廓造型最为醒目。廓型又叫轮廓线、外形线或剪影，是服装外部形态的轮廓和实体限定。鲁道夫·阿恩海姆认为，三维物体的边界是由二维的面围绕而成，二维的面又是由一维的线构成。对于物体的这些外轮廓边界，人的感官都能毫不费力地把握到。因此，服装的直观形象会以外部轮廓线的形式，首先呈现在人们的视野中。不同个性的廓型形式是在长期的服饰文化历史进程中经过筛选、发展、积淀而成，它根植于人体体表的基本形态，受流行时尚的影响而不断变化。作为服装造型的主要手段，廓型的创意决定着服装的总体风格，在服装设计中，常把廓型设计分类为字母型、几何型、物象型、仿生型、无序型等。

一、字母型

（一）含义

以几何字母命名服装廓型是法国时装设计大师迪奥首次推出的。在千姿百态的服装字母型廓型线中，最基本的有五种，即 H 型、A 型、T 型、O 型、X 型。在西方服装发展史中，经常用来描述服装变化的字母型也是这几种，在现代服装设计中，这几种服装廓型也是最常用的。在此基础上引申，几乎可以将所有对称的英文字母用来描述服装廓型，如 I 型、M 型、U 型、V 型、Y 型等。字母型分类的主要功效是既简要又直观地表达服装廓型的特征。

（二）目的

服装发展到今天，一般的防护功能已退居后台，现代服装更强调其审美功能，服装风格是设计师努力营造的内容之一。造型的背后隐藏着风格倾向，设计者应该学会把握好这种倾向，从而使自己所设计出的服装廓型，能更好地反映出服装的风格内涵。

（三）作用

服装设计是一个千变万化的复杂过程，所以其外形也是千姿百态。以字母型对服装廓型进行分类，除了五种基本字母型外形线以外，还有其他的字母型廓型，如 V 型、Y 型、S 型等。每一种廓型都有各自的造型特点和性格倾向，这就要求设计师在设计时根据设计要求灵活运用，可以使整套服装呈一种字母型，也可以在一套服装中使用多种字母型进行搭配。如上装用 H 型、下装用 A 型等，多种廓型自由搭配，可塑造出无以计数的服装廓型线。

（四）形式

1. H 型廓型

H 型的形态有箱形、筒形或布袋形等。其造型特点是平肩、不收紧腰部、筒形下摆，形似大写英文字母 H 而得名（图 4-3）。H 型在运动过程中可以隐见体形，呈现出轻松飘逸的

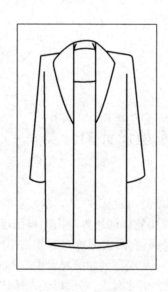

图 4-3　H 型廓型的服装

动态美,显得简练随意而又不失稳定。穿着时可掩盖许多体形上的缺点,展现多种服装风格。H型廓型多用于运动装、休闲装、居家服以及男装等的设计中。一战以后,1925年H型服装在欧洲颇为流行,但当时还没有以英文字母命名。1954年H型廓型由迪奥正式推出,1957年再次被法国大师巴伦夏加推出,时称"布袋形",20世纪60年代风靡一时,80年代初再度流行。

2. A型廓型

A型廓型也称正三角形。A型具有向上的矗立感,洒脱、华丽、飘逸。用于男装可充分体现男性的威武、健壮、精干;用于女服则能显示女性的高雅、伶俐,又富有柔中带刚的男性化气质,体现出现代女性的职业风范(图4-4)。A型服装被广泛用于大衣、连衣裙等的设计中。1955年还是由迪奥首创A型线,称为A-LINE。A型廓型20世纪50年代在全世界的服装界都非常流行。

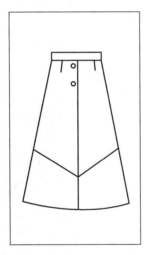

图4-4　A型廓型的服装

3. T型廓型

T型廓型类似倒梯形或倒三角形,其造型特点是肩部夸张、下摆内收,形成上宽下窄的造型效果。T型廓型具有大方、洒脱、较男性化的性格特征(图4-5),多用在男装和较夸张的表演服以及前卫风格的服装设计中。二次大战期间曾作为军服式的T型廓型服装在欧洲妇女中颇为流行。皮尔·卡丹将T型运用于服装设计,使服装呈现很强的立体造型和装饰性,是对T型的新诠释。

4. O型廓型

O型廓型呈椭圆形,其造型特点是肩部、腰部以及下摆处没有明显的棱角,特别是腰部线条松弛,不收腰,整个外形比较饱满、圆润(图4-6)。O型线条具有休闲、舒适、随意的性格特征,在休闲装、运动装以及家居服的设计中用的比较多。

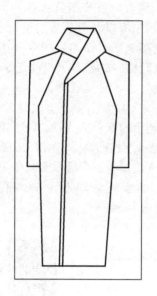

图4-5　T型廓型的服装

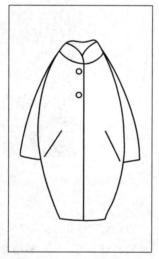

图4-6　O型廓型的服装

5. X型廓型

X型线条是最具女性体征的线条,优美的女性人体三维外形用线条勾勒出即是近似X型(图4-7)。在经典风格、淑女风格的服装中这种线形用的比较多。X型其造型特点是根据人的体形塑造稍宽的肩部、收紧的腰部、自然的臀形。X型线条的服装具有柔和、优美、女人味浓的性格特点。

116

图 4-7　X 型廓型的服装

二、几何型

(一) 含义

当把服装廓型完全看成是直线和曲线的组合时,任何服装的廓型都是单个几何体或多个几何体的排列组合。几何形有立体和平面之分,平面几何形包括三角形、方形、圆形、梯形等,立体几何形包括长方体、锥形体、球形体等。

(二) 目的

一般情况下,服装廓型可以分解为数个几何形体,尤其是服装的正面剪影效果最为明显,即使变化再大,也是几何形体的组合。廓型设计方法中的几何造型法就是利用简单的几何模块进行组合变化,从而得到所需要的服装廓型的方法。一般情况下,由于空间形态和服装造型存在着许多共通性,所以在服装造型设计中,可以将分解与重组以后的几何形结合服装造型的特点及人体工效学原理加以嫁接引用。几何模块可以是单个的,也可以是多个的。

(三) 作用

廓型设计方法之一的几何造型法,是建立在廓型的几何形分类基础之上。将本来复杂的图形概括为几何形,从造型的总体需要展开取舍与合并,在似与不似之间组成全新的造型,是寻找到灵感源泉后服装造型设计的第二步。通过之前空间形态分解后的几何形,运用结合、相接、减缺、重叠等方法,并将这些设计手法交叉联合使用,创造出无数新的服装造型,给服装的外轮廓带来无穷的设计思路和灵感。几何造型法的设计自由度非常大,设计时可以不以某个造型为原型,经过一番随心所欲地排列组合,经常会收获意想不到的好的服装廓型。

（四）形式

1. 方形

服装外轮廓的基本形之一。造型简洁、朴实、庄重,以直线为造型特点,不收腰(图4-8)。如衬衫、筒裙、直身外套、筒形大衣等都是以这种形为依据而设计的。这种造型还可称为长方形、矩形,其特点与方形是相一致的。

2. 三角形

包括正三角形、倒三角形、等腰三角形、等边三角形、任意三角形(图4-9)。T型、A型、Y型、V型以及喇叭形、沙漏形、塔形、飞檐屋顶形等造型也都是从三角形这个基础上演变而来的,这种造型在服装设计中运用得非常广泛。

图 4-8 方形廓型的服装　　　　图 4-9 三角形廓型的服装　　　图 4-10 曲线形廓型的服装

3. 曲线形

也称"8"字形。其造型特点是与女性人体结合,突出女性曲线美,使肩、胸臀部与腰形成对比,具有优美特征(图4-10)。字母线条造型中的 X 型、S 型等都是从这种造型基础上演变而来的。

三、物象型

（一）含义

大千世界物体形态无所不有,它们的外形可以利用剪影的方法变成平面的形式,再抽象成几条线的组合就会成为具有一个优美简洁的外轮廓,这些廓型经常被设计师借鉴运用到服装中变成某种物象形态的服装廓型。例如迪奥的郁金香形、20世纪60年代流行的酒杯形、还有埃菲尔塔形、圆屋顶形以及箭形、纺锤形等。

（二）目的

　　服装赋予物体的外观情感称为"拟物"，自然界中丰富多彩的动物、植物或其他物体的形状，都有可能成为我们设计灵感的源泉。传统服装造型设计中常常通过抽象或具象的图形，作为点的形式出现在服装上，这点可能源自一朵花，也可能源自一片叶。大自然万物与我们人类息息相关，已成为我们赖以生存的幸福家园。因而以大自然中的物象作为我们创意的源泉，是最便捷也是最卓有成效的设计方法。

（三）作用

　　作为造型艺术中审美特征表现的"拟物"，将从新的角度提出服装造型的设计方法。因此，不是仅用空间形态来诠释服装造型设计，而是要将拟物的造型方法运用到服装轮廓造型中来，使设计者在造型创意的过程中，由自然界具体的物象展开联想，进而形成一种发散性思维，启迪设计中的灵感，丰富创作中的想象，最终取得好的创意表现。

（四）形式

1. 喇叭形

　　上半身呈合体长方形，向下逐渐向外扩展，整体呈现喇叭外形（图 4-11）。

2. 气泡形

　　上半身呈圆形气球状，下半身紧窄合体，整体造型呈现出反差极大地上大下小形状（图 4-12）。

3. 郁金香形

　　上端平直，向下逐渐扩展，再向下又逐渐收拢，至底部分化分为聚拢的两片树叶形（图 4-13）。

图 4-11 喇叭形廓型的服装　　　　图 4-12 气泡形廓型　　图 4-13 郁金香形廓型的服装
　　　　　　　　　　　　　　　　的服装

4．酒瓶形

　　上半身紧窄合体，下半身蓬松向外，呈酒瓶造型（图4-14）。

5．酒樽形

　　上端平直，向下逐渐扩展，再向下又逐渐收拢，至底部时又回复上端的平直状态（图4-15）。

6．酒杯形

　　肩部平直，向外加宽，上半身宽松，呈圆形，下半身紧窄合体，整个外观呈酒杯造型（图4-16）。

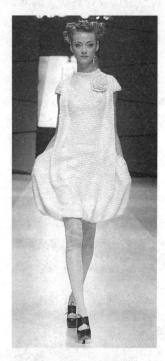  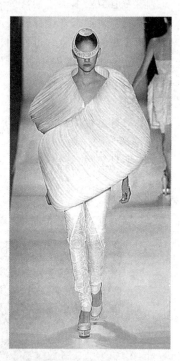

图4-14　酒瓶形廓型的服装　　　　图4-15　酒樽形廓型的服装　　　　图4-16　酒杯形廓型的服装

四、仿生型

（一）含义

　　通过研究生物体（包括动物、植物、微生物、人类）和自然界物质存在（如日、月、风、云、山、川、雷、电等）的外部形态及其象征寓意，将服装设计建立在三要素（即型、色、质）的基础之上，并通过相应的艺术处理手法将其应用于设计之中。

（二）目的

　　仿生设计是在仿生学的基础上发展起来的一门新兴边缘学科，它在人类各种科学领域中得到了广泛的应用，并取得了不俗的影响。仿生设计不同于一般的设计方法，它是以自然界万事万物的"形""色""音""功能""结构"等为研究对象，有选择地在设计过程中应用这些特征原理进行的设计，同时结合仿生学的研究成果，为设计展现和提供一系列新的思想、新的原理、新的方法和新的途径。

（三）作用

　　运用仿生设计出的服装，不仅造型上有其取之不尽的外部形态，而且色彩上也有源源不断的灵感，材料上还可以施展令人惊叹的功能创新，使服装设计具有极强的创造性与挑战性，满足了人类情感表达的需求，赋予了服装生命和文化内涵，增进了我们人类与自然界的和谐统一。设计回归自然，以大自然中万物作为服装设计的平台，拓展服装设计师们的创造思维模式，再运用美学与心理学等原理进行指导，这就是是仿生服装设计特有的设计语言。

（四）形式

　　纵观中西方服装发展历史，我们不难看到历代大师们运用仿生法设计出的经典佳作。中国的马蹄袖（图4-17）、孔雀裙（图4-18）、蝴蝶结（图4-19）；国外的羊腿袖（图4-20）、蝙蝠衫（图4-21）、荷叶袖（图4-22）、燕尾服（图4-23）等，都是运用这种创作方法完成的。

图4-17　马蹄袖

图4-18　孔雀裙

图4-19　蝴蝶结

图4-20　羊腿袖

图 4-21　蝙蝠衫　　　　　　　　图 4-22　荷叶袖　　　　　　　　图 4-23　燕尾服

五、无序型

(一) 含义

　　所谓无序是指一种混乱及缺乏条理的情况和状态。在服装设计中,我们把在廓型设计中无法明确归类于上述设计形式的设计方法,统称为无序型。因为它更多地发自于设计师即时的、无法追根溯源的一种感觉,很难明确它在设计方法上的出处和所遵循的法则,体现的是设计者摒弃了传统的框架和束缚,随心所欲、天马行空的设计想象和创造,

(二) 目的

　　服装设计发展到今天,各类优秀的设计师在世界的舞台上尽情演绎着各自的神话传说。精彩的作品层出不穷,设计的手法也是五花八门,有的甚至堪称古怪离奇。故而有些作品我们可以通过对它的分析,清晰地摸索出设计者构思的脉络,而有些作品只能是面对它叹而观之,心中升起对大师超人设计才华无限的崇敬。这批设计师可以说完全不按传统的套路出发,单单凭借个人超强的智慧和领悟,在设计的过程中忘乎所以、为所欲为,创造出服装 T 台上一个又一个的传奇。

(三) 作用

　　无序法可以超越上述设计形式的束缚,在创作中更加地增强想象空间,拓展一切创造的可能性,将意念中许多虚幻、飘渺、不确定的东西,通过努力一步步地演变为现实存在的物体。设计之本在于创新,设计师的最高回报就是在于享受从无至有的创造。无序法提供了创作中更为广阔的天地,也成就了设计师一次又一次地飞越自我。2002 年,英国秋冬时装周的秀场上,椅套瞬间变成了洋装,桌子瞬间变成了裙子,侯赛因·卡拉扬(Hussein Chalayan)的作品让世界瞠目结舌(图 4-24)。

(四) 形式

　　既为无序,就没有固定的形式和法则可循,多为一种设计师意念和感觉上的表现,完全不受

任何的限制,是设计和构思中最为纯粹和直接的表述。形式既没有约束,也就无法罗列出它的具体种类(图4-25,图4-26)。

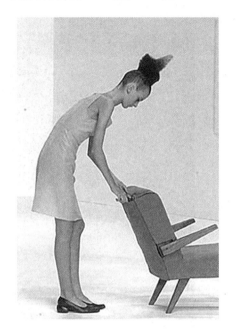

图4-24　侯赛因·卡拉扬的作品

图4-25　自然酣畅的流线设计　　　　　　图4-26　随意跳跃的块面设计

第三节　服装廓型设计的主要部位

服装设计的对象是人,设计的构思、方案的拟定均是围绕如何美化、装饰人体,表现穿着者的个性与气质而展开的。服装造型离不开人的基本体形,造型设计就是借助于人体基型以外的空间,用面料、辅料以及工艺手段,构成一个以人体为中心的立体形象而产生的视觉效果。因此服装外形线的变化不能是盲目的、随心所欲的,而是应该依据人体的形态和结构进行新颖大胆、优美适体的设计。服装的外形线离不开支撑衣裙的颈、肩、腰、袖、臀、膝、底边这些相关围度的形体部位,对这些部位的设计处理,可以变化出各种廓型,从而决定和影响服装的风格。

图 4-27　荷叶边修饰的颈部造型

一、颈部
(一) 含义

颈部是连接人体头部与躯干的支节部位,并且支配着头部的转动,起着活动的枢纽作用。颈部的细长外形也是人体中充满美感的部位,尤其是女性的颈部,常成为设计师设计表现的重点(图 4-27 ~ 图4-29)。包裹颈部的服装零部件称为领子,领型的设计也是服装细节设计中的一个重要门类。

图 4-28　野花修饰的颈部造型

图 4-29　叶片修饰的颈部造型

（二）目的

人体起伏的外形线是每一件服装作品追求表现的优美轮廓,颈部在其间的魅力尤其突出。观赏者对服装款式的第一印象往往从领型开始,领型的恰当选择还能对着装者的脸型缺陷起到一定的修饰作用。故而在款式设计中,领型设计是非常重要的一个部位,是审视整体效果的一个视觉焦点。

（三）作用

颈部的外形设计历来在设计中有着重要的意义,不仅在功能上起到防风保暖的作用,还能起到极强的装饰美化作用。各种领型的分类都有着各自的形态性质和表现手法,在整体效果中既起着呼应的功效,又突出细节,画龙点睛,成为一款服饰中的设计重点。因此,领型的设计通常都会称为作品的表现重点。

（四）形式

领型设计具有多种的分类和表现形式,在后面的有关章节中,我们将对领型设计进行较为详尽的介绍,这儿不再赘述。

二、肩部

（一）含义

在廓型设计中,肩部的宽窄对其具有较大的影响,它直接决定了服装廓型顶部的宽度和形状。但是,肩又是服装造型设计中限制较多的部位,其变化的幅度远不如腰和底边线自如。服装廓型总有千变万化,肩部都很难进行太大的突破。因而,无论是坦肩还是耸肩,基本上都是依附肩部的形态略作变化而产生新的效果。20世纪80年代流行的阿玛尼式的超大宽肩,是服装肩部造型的一大突破,这种特别夸大的肩部外形线给一向优雅秀丽的女装,带来了全新的男子气质。

（二）目的

肩部是廓型表现中非常重要的一个形体部位,尤其是在男装的设计中,例如 T 型服装和 V 型服装,都是通过肩部的设计来突出男性体态上的伟岸和英俊。二次大战期间,这种军服式的 T 型风格还一度风靡于女装之中。因此对设计师而言,肩部的造型把握是形成服装风格的重要因素。

（三）作用

廓型设计中的 T 型服装和 V 型服装,均是以男装化的肩部造型为特点的。平直、挺拔有张力,极富感染力的设计,可以营造出英武潇洒的艺术风格,是风格创作中表现的重要体现。而当今流行的窄肩款设计也是整体效果中突出表现的重要部位,对风格的定位同样起着很好的烘托作用。

（四）形式

肩部的造型形式主要有:①宽肩造型。通过在肩部添加垫肩等充垫物,夸张肩部的宽阔感,加强男性气质的体现(图4-30)。②窄肩造型。这是近年来一直流行不衰的女装造型,肩部又逐渐回归紧窄的款式设计,不外加任何物体,保持自然态,被广泛应用于多种风格的设计之中(图4-31)。③在肩部附加装饰物。主要是各种形状的袢带,加强肩部的装饰性,增强肩袢这种军用品特有的英武气质,也是众多设计师经常采用的手法之一。

图 4-30　撑垫出的飞檐袖型　　　　　　图 4-31　一点式的窄肩袖型

三、腰部

(一) 含义

腰部的造型在整个服装造型中有着举足轻重的地位,变化极为丰富。腰部的变化分横向的松紧之分和纵向的高低之分,因为腰节线是划分服装上下比例关系的分水岭,因而从服装的形式而言有着极为关键的作用。腰部的刻画也是历代女装的精华所在,女性婀娜多姿的形体展现,主要是在腰形的塑造中。

(二) 目的

由于服装上下部分长度比例上的种种差别,使衣装呈现不同的形态与风格。而这种上下比例的差别,都是因为腰节线的不同分割而产生的,所以,注重腰部的各种形式塑造是廓型设计的关键。从服装的发展历史看,腰节线的形式变化也是具有一定规律性可溯的,往往是周而复始的轮回循环。

(三) 作用

腰部是服装造型中举足轻重的部位,其中腰部的松紧度和腰线的高低,是影响造型的主要因素。腰节线高度的不同变化可形成高腰式、中腰式、低腰式服装,腰线的高低变化可直接改变服装的分割比例关系,表达出迥异的着装情趣。而腰身的松紧变化也直接影响廓型的塑造,进而形成不同的服装风格。

(四) 形式

腰部的形态变化有束腰与松腰之分,西方的服装设计师把腰部设计归纳为 X 型和 H 型。束腰即为 X 型,由于腰部紧束,能显示女性窈窕身材的轻柔、纤细之美(图 4-32);松腰即为 H 型,腰部松散,呈自由宽松形态,具有简洁、庄重之美(图 4-33)。束腰和松腰两种形式常交替变化,20 世纪服装历史的发展便经历了 H-X-H 的变换过程,而每一次腰形的变化都给当时的服装界带来新鲜感。腰节线从高低上而言,还可以把服装分为低腰节服装(图 4-34)、中腰节服装(图 4-35)和高腰节服装(图 4-36)。

图 4-32 束腰造型

图 4-33 松腰造型

图 4-34 低腰造型

图 4-35 中腰造型

图 4-36 高腰造型

四、袖部

(一) 含义

衣袖是包覆肩和臂的服装部位,是服装设计中非常重要的部位。人体的上肢是上身活动的关键,它通过肩、肘、腕等关节带动上身各部位产生动作,满足生活和工作的各种需要。故袖型的设计必须具备极强的舒适性,保证活动量和各种活动状况,同时,袖型设计也是塑造整体风格的重要部位,既要突出又要与整体相协调,否则就会影响整体的审美效果。

(二) 目的

袖型设计要求其与作为服装主体部分的衣身造型达到形态上的平衡和协调。由于肩和袖连接在一起,袖型设计和肩部设计相互影响。这样,顺着着装者的面部往下,领、肩和袖形成了视觉移动路线,对于上半身服装外轮廓的线条有着重要的作用。袖型也同样可以作为服装的视觉焦点而设计。袖子是服装整体中的一个重要组成部分,也是最大的衣片之一,故袖子的造型对整体的廓型起到很大的影响。上肢又是人体上身活动的关键,袖子在功能性上的不合理,会直接影响到着装者穿衣的舒适性,妨碍工作和生活。故设计师应在充分满足功能性与装饰性的前提之下,力求服装的形象更为丰富完美。

(三) 作用

袖型设计不仅可以起到驱寒遮体的功效,还可以通过合体的剪裁和缝制,加强穿着者活动的舒适性,因而在服装设计中占有重要的地位和作用。袖型的多种分类也塑造了各异的风格,对整体的形式也起到了制约和影响。例如,一件波西米亚风格的服装,袖型从款式至色彩和材质也必须是飘逸浪漫的,如果忽略整体性采用了紧身袖型,那么一定会显出服装风格上的混乱和不伦不类的尴尬。

(四) 形式

袖型设计具有多种的分类和表现形式(图4-37~图4-39),在后面的有关章节中,我们将会对袖型设计进行较为详尽的介绍,这儿不再赘述。

图4-37　一点式小袖型　　　图4-38　合体式中袖型图4-39　宽松式大袖型

五、臀部

(一) 含义

在服装造型中,臀围线扮演着重要的角色,它具有自然、夸张等不同形式的变化。臀部所产生的围度感一直以来都是服装设计上表现的重点部位,围度的大小对服装外形的影响最大。纵观服装史的发展,臀围线经历了自然、夸张、收缩等不同时期的形式变化,直接导致和产生了各种廓型的孕育而生。

(二) 目的

廓型是风格塑造中最重要的因素之一,而围度又是廓型的直接制约因素。因而对围度造型的变化表现是服装设计中的重中之重。不同的时代,盛行不同的风格,不同的风格又产生不同的围度表现。优秀的设计师必须对种种时尚性保持敏锐的接受和判断,并表现在自己设计的细节之中。

(三) 作用

从西方服装史大致划分的历史阶段来看,服装外形的演变中,臀部的围度感起到了至关重要的作用。无论是古代的宽衣服饰,还是中世纪宽衣向窄衣过渡的服饰,直到今天,围度都是造型塑造中的直接元素。宽衣服饰中,妇女们通过裙撑来夸大臀部造型;而在窄衣时代,人们又通过紧身裤、铅笔裤的造型来收缩臀围的视觉效果,营造简洁干练的新时代形象。

(四) 形式

有时为了装饰上需要或迎合某种时尚潮流,常通过围度进行一些夸张性的设计,通过庞大裙子与纤细腰肢的对比,产生一种炫耀性的装饰效果(图4-40);有时又通过运用紧身裤的形式来收缩臀围,使下肢更加纤细瘦长,女装男性化,营造一种中性的穿衣风格。不同的臀围表现都极大地影响了外形的变化,至宽至紧都是设计师常用的表现手法(图4-41)。

图 4-40　纤腰丰臀的造型设计

图 4-41　臀部融入夸张塑形突出造型设计

六、膝部

（一）含义

膝盖是连接人体大小腿的支节点,是腿部弯曲和运动的重要关节点,因而无论从功能上还是形式上,膝部都是设计师在作品中努力表现的关键部位之一,尤其体现在裤装中。通过各种设计手法的运用,加强局部细节的表现,用细节突出整体,呼应整体作品风格。

（二）目的

服装设计是一个全面整体的工程,各项单品的品类、造型结构等各个方面都应取得同步的发展。裤装市场的设计一直以来进展比较迟缓,无论从款式还是色彩和面料,都显得陈旧、单一。主要原因就在于下装设计的植入点不像上衣那样丰富,膝盖作为腿部的一个重要关节点,显然就成了设计师关注的焦点。膝盖区域的细节处理,不仅能够增强运动的舒适性,还可以呼应整体风格,加强形式上的装饰性。

（三）作用

传统的裤装大多侧重于穿着的舒适性和面料的材质性,而在设计手法上显得比较简单、空洞。随着服装设计领域的蓬勃发展,丰富和加强裤装的装饰性已经迫在眉睫。膝盖作为腿部的中端连接点,其所在的位置和所处的功能,使得设计师纷纷以它为设计上的切入点,极尽装饰所能,选用各种设计手法,突出裤型塑造上的形式感,进而创造出整体的艺术风格(图 4-42,图 4-43)。

图 4-42　通过至膝部的底裤与裙装取得呼应　　　　图 4-43　膝关节处的喇叭外形递进了造型感

（四）形式

时代的飞跃已经使裤装的设计超越了传统的性别界限,更加注重在基础功能下的装饰性表现(图4-44)。膝部造型方法主要有:①材质的面料镶拼。可以是同质异色面料,也可以是异质同色面料,当然也可以延伸为异质异色面料。但考虑到膝盖处的运动负荷量,一般这个部位通常选用一些耐磨损和宜活动的面料。②从人体工学的角度设计各种开刀线,方便腿部的弯曲,同时也丰富了腿部的造型,这是当下许多服装品牌裤装设计的重要手法。③在膝盖部位的区域内设计缉线缝等,既起到加强面料牢固度的视觉效果,同时又起到了极强的装饰美感。

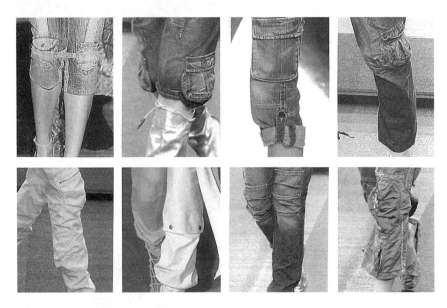

图4-44　裤装在膝盖处的各种造型处理

七、底边

（一）含义

底边是服装造型中长度变化的关键参数,也决定了造型底部的宽度和形状,是服装廓型变化最敏感的部位之一。纵观服装史的发展,从20世纪初开始,西方女性服装的裙底边线逐渐上移;直到20世纪60年代的迷你裙,把裙底边线推到了短裙的顶点;70年代裙长又急转直下,底边线在膝与踝之间徘徊;80年代裙长则稳定在腓部中央。女裙底边的这种长短演变,曾为当时的服装界带来过颇具影响的时髦效果。形态上的各种变化,诸如直线、曲线、折线,不同的底边会使服装廓型呈现出不同的风格与造型。

（二）目的

上装和下装底边的长度变化,直接影响到整个服装的廓型比例,进而影响到服装的时代精神和设计风格。从20世纪开始,底边的变化始终体现在不同时代的流行之中,由长至短,再由短至长,岁月轮回,纷繁交替,为时装界带来了一次又一次的视觉震撼,如20世纪60年代末推出的迷你超短裙。因此,对于底边线的构思与创作,会使服装展现出不同的艺术风采,并定位出各异的设计风格。

（三）作用

底边在长度和形态上的不同变化,均会推进服装整体的艺术表现,强化作品的设计风格。不同风格的服装,其在底边上的特征其实是非常明显和突出的。一个设计师如果能够把握住这种细节的特点,并结合不断变迁的时代流行,相信一定可以将品牌风格运用得如鱼得水,进而还能不断延伸其精华,并发展光大。

（四）形式

底边线在长度上的变化,通常可分为超短、短、中、中长、长、超长六种程度范围,各时代的流行演变也始终徘徊在这个范围之内,周而复始,演绎精华。1964年,英国年轻的设计师玛丽·克万特推出"超短裙",打破了过去时装的传统,改变了服饰观念,开创了服装史上裙子下摆最短的时代。底边形态的变化也非常丰富,有直线形底边(图4-45)、曲线形底边(图4-46)、折线形底边(图4-47)、对称形底边(图4-48)、非对称形底边(图4-49)、平行形底边(图4-50)、非平行形底边(图4-51)。底边的这种形式变化激发着设计师创新的热情,推动着服装设计不断发展。

图4-45　直线形底边

图4-46　曲线形底边

图4-47　折线形底边

图 4-48　对称形底边

图 4-49　非对称形底边

图 4-50　平行底边

图 4-51　非平行底边

本章小结

　　随着服装流行的不断变化,服装的廓型变化也日渐丰富,借助于服装造型,人们可以模仿出多种意想不到的形态,装扮出千变万化的形象。但服装廓型的实现离不开人的基本体形,离不开支撑衣裙的颈、肩、腰、袖、臀、膝、底边这些相关围度的形体部位,对这些部位的设计处理,可以变化出各种廓型,从而决定和影响服装的风格,体现着装者不同的精神状态和心理需求。此外,服装廓型的变化,哪怕是一些细微的变化,往往伴随着一种"流"的产生,形成一股流行款式的主流。如敦煌时代的荷叶裤,廓型变化后形成20世纪70年代后期流行的喇叭裤。又如,近几年来外轮廓的放松,廓型近似于"□"型,就伴随着宽松、舒适、潇洒的休闲服装的流行。可见廓型设计的重要性和其对服装造型设计的意义。在这个设计阶段,设计者既要充分把握时代的特征,确定自己所要表现的主题和风格,同时还要充分考虑对象的体形条件,选择扬长避短的廓型,才能形成风格各异的造型效果。

思考与练习

　　1. 归纳服装廓型设计的特征包含哪几点。

　　2. 最易使服装廓型产生变化的部位包括哪些?

　　3. 找出3种以上不同风格的服装,并思考不同风格的服装是如何通过服装造型设计来进行表现的。

　　4. 试通过对3~5款服装的一个和多个部位(如领、袖等)进行再设计,使原有服装的风格发生改变。

第五章

服装造型的细节设计

　　服装设计是服装的主体结构与局部结构完整结合的一种表现方式。从设计的基本原则出发，服装的主体造型必须要配有完整的局部结构，而且局部结构不仅要有良好的功能性，还要与主体造型形成协调统一的视觉效果，两者之间存在着紧密的内在联系。为此，服装局部的部件设计除了应具有特定的功能外，还必须要与服装的主体造型轮廓取得协调一致，并使服装更具有装饰性。服装的内部造型是相对外部廓型而言的，是服装中通过点、线、面、体等造型元素组合而形成的内部造型，它们的变化设计建立在外部廓型的基础上。因此不仅要符合外部廓型的要求，而且还要充分体现人体之美，使整体的设计更加完美，细节的成功是服装产生美感的一个重要原因。

第一节　服装细节设计的概念

服装的细节是相对于服装整体造型而言的局部形态,大多以零部件(附件)的方式呈现出来。如果说廓型和结构承载着更多约定俗成的形制,那么对于零部件的形式制约就显得相对要少很多,尤其在女装设计中部件的既定程式更是少之又少。服装零部件作为服装流行时尚的重要载体,正是因为具备了这样的优势,而常常成为视觉焦点为人们所注目。随着流行的变化,零部件有时会被夸大到影响整体造型的程度,例如在现实中已经并不罕见的那种超级大口袋、宽腰带等。

一、服装细节设计的定义

服装的细节设计也就是服装的局部造型设计,是服装廓型以内的零部件的边缘形状和内部结构的形状。如领子、口袋、裤袢等零部件和衣片上的分割线、省道、褶裥等内部结构均属服装细节设计的范围(图5-1)。

图5-1　各种细节的造型表现

服装造型中的细节设计体现在服装的功用性与审美性的有机结合中。服装的细节设计是整体造型中最为精致的一个部分,通常会成为设计上最生动的一笔,可以让人细细地品味和享受。它在服装中不应是孤立存在的,除了牢牢把握审美性的同时,还应与服装的整体形成有机的联系。每个局部都可以有设计上的变化,但从总体而言整体统辖局部,局部服从整体,这也是服装造型的一个重要法则。

二、服装细节设计的特征
(一)细节与廓型的统一性

一般来讲,服装的外观造型决定内部的细节造型,细节设计应考虑与服装廓型在风格上呼应统一。如果廓型是宽松夸张的,那么至少部分主要的细节也应该是宽松夸张的;相反如果廓型非常严谨,细节设计却非常松散,结果肯定会让人感到不伦不类、滑稽可笑。当然有时候为了设计需要,也会有先决定细节造型,然后再决定服装整体廓型的设计情况。

（二）细节与细节的关联性

细节与细节的造型也要相互关联，不能各自为政，造成视觉紊乱。例如，尖领与圆口袋、飘逸的裙摆与僵硬的袖子等，这些极具冲突性的组合会在视觉上难以协调，让观者感觉很不舒服。同时，各部分之间的材料、工艺等可以影响外观效果的因素也要注意协调关系。例如，毛皮服装不可能用雪纺纱做口袋，红颜色的服装若要加绿色的领子或袢带则需要仔细推敲。

三、服装细节设计的要点

（一）细节设计的多样性

一件服装的廓型确定以后，并非只有一种细节与布局与之相配，相反，可以在整个廓型中进行许许多多的细节设计，有时某些细节会有与廓型相同的边缘线。例如高耸的领子、凸起于服装之外的口袋、夸张的花边装饰等（图5-2）。

图5-2　把握细节与廓型的统一性

（二）细节设计的发展性

服装的细节设计可以增加服装的机能性，也能使服装更符合形式美原理。从细节设计中还能看出流行元素的局部表现，更重要的是，细节设计处理得好坏，更能体现出设计者设计功底的深浅。服装发展到现在，服装的廓型设计已没有多少创新余地，而细节设计的变化余地却可任由设计者驰骋。设计者在细节设计中可以寻找突破口，使设计独具匠心。

第二节　服装细节设计中的零部件

在整个服装设计过程中，廓型造型是依附在内部细节的基础上而完成的。零部件的细节设计对整个服装的外部造型起着点缀作用，也就是如同建筑的外部造型是建立在内部钢筋框架结构上一样。因此，服装细节中的零部件设计对服装造型的最终构成起着重要的支撑作用。如果说服装造型设计是对服装的整体进行的一种规划,那么细节设计中的零部件则可以将观赏者的视线从服装的外轮廓引导到服装的内空间上。设计者可以通过零部件的造型设计及面料工艺等细节,加强服装整体上的局部装饰性,使之成为服装整体造型中最为生动的一笔。服装的零部件是整体造型中最精致的部分,它在服装中不是孤立存在的,每个零部件的变化,都会对服装整体的效果产生一定的影响。整体统辖局部,局部服从整体,这也是服装造型的重要法则,服装造型中的零部件设计充分体现出服装的功用与审美的有机结合。

一、服装零部件的定义

服装零部件又称服装的局部或细节,通常是指与服装主体相配置、相关联的突出于服装主体之外的局部设计,是服装上兼具功能性与装饰性的主要组成部分,俗称"零部件",如领子、袖子、口袋、袢带等。零件是指具有一定功能但不能再行拆分的局部。部件是指功能相同或相近的零件与零件的组合结果,是与服装主体相配置和相关联的组成部分。

二、服装零部件的特征

零部件在服装造型设计中最具变化性且表现力很强,相对于服装整体而言,部件受其制约但又有自己的设计原则和设计特点。精致的零部件具有强烈的视觉效果,体现时尚的流行趋势,使服装的分类更加具体化,品类更加多种化。

三、服装零部件的种类

服装上每一个具有一定功能的相对独立部分都可称为服装的零部件,如衣领、衣袖、衣袋、衣襟、纽扣、袢带、腰头、前身衣片、后身衣片等。本节主要针对衣领、衣袖、衣袋、纽扣、门襟、袢带进行阐述。

四、服装零部件的设计

(一)领型设计

1. 概念

衣领是服装上至关重要的一个零部件。因为接近人的头部,映衬着人的脸部,起着衬托人脸型的作用,所以最容易成为观赏者视线集中的焦点。精致的领型设计不仅可以美化服装,而且可以美化人的脸部。衣领的设计极富变化,式样繁多,领型设计是款式设计的重点。尤其在女装设计中,领型是变化最多的部件。

2. 分类

    ① 按领型结构分类——立领、平领、翻领、驳领、无领;

    ② 按领口线形状分类——方领、尖领、圆领、不规则领;

    ③ 按领型敞闭分类——开门领、关门领;

    ④ 按领型高度分类——低领、中领、高领;

    ⑤ 按领面形状分类——大领、小领;

    ⑥ 按脸与领的贴体度分类——紧领、宽领。

3. 形式

（1）立领

又称竖领,是指将衣领竖立在领圈上的一种领式(图5-3)。立领在造型上具有较强的立体感,在功能上具有防风保暖的作用。立领在欧美国家被视为具有东方情调的设计。

（2）平领

又称趴领,是指仅有领面而没有领台的一种领型。设计师可根据款式需要,拉长或拉宽领型,或加边饰、蝴蝶结、丝带,还可处理成双层或多层效果等(图5-4)。

（3）翻领

翻领是指领面外翻的一种领式。翻领的外形线变化范围非常自由,领角、领宽的设计空间度都很大;可与帽子相连,形成连帽领,还可加花边、刺绣、镂空等(图5-5)。

（4）驳领

驳领是指衣领与驳头连在一起,两侧向外翻折的一种领式(图5-6)。驳领的设计要点在于领面的宽窄变化、串口线的高低、领与驳头的长短变化、领口开门的深浅变化、领边造型的线条变化五个方面。

图5-3　立领

图5-4　平领

图5-5　翻领

图 5-6　驳领　　　　　　　　　　　　　图 5-7　无领

（5）无领

无领是指只有领圈而无领面的一种领式（图 5-7）。无领适用于夏装，可以充分显示穿着者颈、肩线条的优美并且利于佩带装饰。无领的制作省料而且方便。

4. 影响领型设计的因素

（1）与穿着季节有关

夏季多选用无领、开门领和宽领（图 5-8）；冬季多选用高领、立领、关门领和大翻领（图 5-9）。

图 5-8　夏季多选用无领　　　　　　　图 5-9　冬季多选用大翻领

（2）与穿着场合有关

职业装多选用立领、驳翻领和关门领（图5-10）；休闲装多选用翻领、开门领和大领（图5-11）。

图5-10　职业装多选用立领　　　　　　　图5-11　休闲装多选大领

（3）与织物材料有关

柔软型织物比较贴身，会均匀地自然下垂形成小圆弧褶裥，因而适合设计成波浪领、叠领、荷叶花边领等领式（图5-12）。

硬质织物会形成直线轮廓造型，因而适合设计立领、驳翻领等领式（图5-13）。

图5-12　柔软型织物适合设计荷叶花边领　　　图5-13　硬质织物适合设计立领

精纺型织物具有高档感,适合设计构思庄重、力求简练、做工考究的领式。

平纹型织物质朴、含蓄,适合设计一些青春可爱、休闲随意的领式。

光泽型织物则是艳丽、华贵的高级服装领型和表演服装领型的最佳用料。

(二)袖型设计

1. 概念

袖型设计也是服装设计中非常重要的部件。衣袖是包覆肩和臂的服装部位,在服装风格的形成中占有特殊的地位。衣袖是连接袖子与衣身的最重要部分,设计不合理,就会妨碍人体运动。同时衣袖是服装上较大的部件之一,其形状一定要与服装整体相协调。

2. 分类

衣袖种类有连身袖、圆装袖、插肩袖、无袖等。

3. 形式

(1)连身袖

连身袖是指与袖身、衣身连裁在一起的一种袖型(图5-14)。连身袖的特点是裁制简便。因着装后产生二次成形的效果,故适宜于宽松、薄型的衣袖设计。

(2)圆装袖

圆装袖又称西服袖,是指衣袖、衣身分开裁剪,再经缝合而成的一种袖型(图5-15)。圆装袖的特点是符合人体肩、臂部位的曲线造型,立体感强,故而可设计出多种各具个性的造型款式。

(3)插肩袖

插肩袖又称连肩袖,是指袖身借助衣身的一部分而形成的一种袖型(图5-16)。插肩袖的肩部和袖子连在一起,可以从视觉上增加手臂的修长感。插肩袖的特点是穿脱方便、穿着舒适,但实际制作中用料比较浪费。

(4)无袖

无袖又称袖窿袖和肩袖,是指袖窿弧线的造型,是袖子的一种造型(图5-17)。

图5-14 连身袖

图5-15 圆装袖

图 5-16　插肩袖

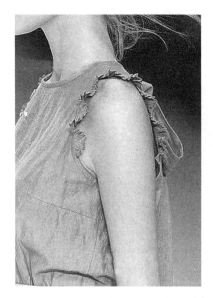

图 5-17　无袖

4. 影响袖型设计的因素

（1）袖肩的造型

袖肩的造型主要指袖山的各种造型,它对服装造型的柔和性和挺拔性有着重要的影响。一般来说,圆弧型袖肩合体、挺拔、自然(图 5-18);蓬松型袖肩自袖筒向下逐渐收窄,具有较强的审美性和现代感,因而在设计中多用于礼服造型(图 5-19);插肩的造型可设计多种款式,是一种富于变化的袖型。

图 5-18　圆弧型袖肩合体、挺拔、自然

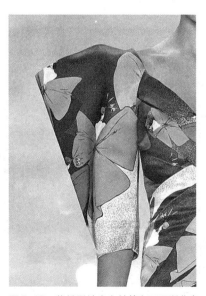

图 5-19　蓬松型袖肩自袖筒向下逐渐收窄

（2）袖身的肥瘦

袖身包括袖长和袖肥。通常连身袖、插肩袖、单片袖、直筒袖适用于柔和、轻松的服装（图5-20），双片袖、三片袖适用于严谨、端庄的服装（图5-21）。

图5-20　直筒式袖身适用于柔和、轻松的服装　　　　图5-21　双片袖适用于严谨、端庄的服装

（3）袖口的形状

紧袖口包括罗纹袖口、克夫袖口、橡皮松紧袖口、收带袖口，这种袖口体现青春活力，便于活动，适用于夹克、运动装、衬衫、劳动服、职业服（图5-22）；中袖口大小合适，适用范围最广泛（图5-23）；宽袖口有喇叭型、盘型，宽大松弛，雍容华贵，适用于礼服造型（图5-24）。

图5-22　紧袖口适用于夹克　　　　图5-23　中袖口适用范围最广泛　　　图5-24　宽袖口适用于礼服

（4）装饰手段的应用

① 配件——加缀纽扣、臂章、蝴蝶结、拉链等（图5-25）；

② 工艺——缉线缝、翻边、加带、滚边、褶裥等；

③ 镶拼——同色同质、同色异质、异色同质、异色异质镶拼等；

④ 绣花——单色绣、彩绣、抽绣、电脑绣等（图5-26）；

⑤ 加袋——袋中袋、袋上袋等多袋时装。

图5-25　袖身上缀蝴蝶结造型　　　　　　　图5-26　袖身上进行绣花造型

5. 袖型设计的相关因素

（1）与整体风格的协调

通常灯笼袖、泡泡袖适于无领（图5-27），圆装袖适于小翻领、立领（图5-28）。

图5-27　泡泡袖适于无领　　　　　　　　　图5-28　圆装袖适于小翻领

（2）与肩型上肢的关系

正常肩型适合各种袖型,溜肩适合灯笼袖、泡泡袖(图5-29),平肩适合连身袖、插肩袖(图5-30),左右高低不一的肩臂适合设计加垫肩的袖型。

6. 中西方袖型设计的特点

（1）中式服装多为平面结构的袖型,袖笼造型浅,着装后活动方便、舒适。缺点是双手下垂时,腋窝处褶皱较多(图5-31)。

（2）西式服装多为立体结构的袖型,袖笼造型深,着装后外观潇洒,流畅。缺点是装袖工艺较复杂,手臂上举时活动不便(图5-32)。

（三）袋型设计

1. 概念

口袋俗称衣兜,分布在上衣、裤子、裙子等服装的各类单品中,具有储放物品的功能,是服装设计中重要的细部装饰之一。口袋既具有盛物的实用功能,又具有装饰美化服装的艺术价值。

图5-29 溜肩适合灯笼袖　　图5-30 平肩适合插肩袖

图5-31 中式袖型　　　　　图5-32 西式袖型

2. 分类

① 按制作分类——贴袋、挖袋、插袋；

② 按用途分类——明袋、暗袋；

③ 按位置分类——上身袋、下身袋。

3. 形式

（1）贴袋

贴袋又称明袋，是指贴附在衣服主体造型上的一种口袋造型（图 5-33）。贴袋分为直角贴袋、圆角贴袋、多角贴袋、风琴裥式贴袋，适用于中山装、猎装、牛仔装、工作装和童装之中。

图 5-33 贴袋

图 5-34 挖袋

（2）挖袋

挖袋又称暗袋，是指在衣片上裁剪出袋口尺寸，利用镶边加袋盖，缉线制作而成的一种口袋造型（图 5-34）。挖袋分为横向挖袋、纵向挖袋和斜向挖袋。挖袋的特点是用色用料统一，能保持服装的外表光挺。

（3）插袋

插袋又称暗插袋、夹插袋，是指在衣服缝中制作的一种口袋造型（图 5-35）。插袋的特点是可缉明线、加袋盖、镶边条。袋盖可采用同质面料、异质面料或异色面料。插袋多用于衣身侧线、公主线、裤缝线上。

（4）明袋

明袋是指显现在衣服主体上的一种口袋造型

图 5-35 插袋

（图5-36）。

（5）暗袋

暗袋又称内袋，是指缝制在衣服里面的一种口袋造型（图5-37）。

（6）上身袋

上身袋是指胸部两侧和腹部两侧的一种口袋造型（图5-38）。

（7）下身袋

下身袋是指跨部两侧或前侧、臀部两侧的一种口袋造型（图5-39）。

图5-36　明袋

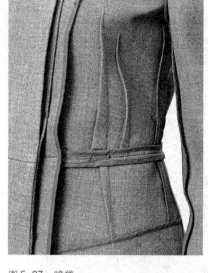

图5-37　暗袋

图5-38　上身袋

图5-39　下身袋

4. 影响袋型设计的因素

（1）口袋的协调性

一般来说，挖袋和贴袋适用于庄重严肃的服装，如职业装等（图5-40）；插袋、假袋和装饰袋适用于潇洒活泼的服装，如夹克装、运动装和时装等（图5-41）；儿童装中多使用各种造型可爱的贴袋（图5-42）。

图5-40 贴袋适用职业装

图5-41 插袋适用夹克装

利用口袋的色彩来协调服装的整体色调，保持口袋色彩与主体的色系一致或者与衣领、袖克夫、袋盖的统一配色（图5-43）。在面料的运用和处理上，尝试通过口袋来达到丰富整体造型肌理效果的功效。

（2）口袋的装饰性

在口袋上缉明线（图5-44）；运用挑、补等绣花工艺（图5-45）；改变口袋的结构工艺；在口袋上附加装饰物，如死褶、活褶、镶边、加拉链、蝴蝶结、花结等；将口袋做成袋中袋、袋上袋或者立体袋（图5-46）。

图5-42 贴袋适用童装

图 5-43　利用口袋的色彩来协调服装的整体色调

图 5-44　口袋上缉明线　　　　　图 5-45　口袋上绣花　　　　　图 5-46　立体袋

5. 袋型设计的相关因素

（1）与手掌的关系

袋型设计的大小以手的长度和宽度为依据（图5-47），口袋一般放在腰节线和臀围线的1/2处。裤子后袋只做一个的话，一般放在右后裤片上，左撇子设计在左后裤片上。

（2）与款式的关系

袋型设计随着服装款式的种类而变化。一般说来，西装、中山装中口袋的设计相对定型，大多只是微调处理；时装、夹克装和休闲装中口袋的设计活泼多变，款式多样（图5-48）。近年来，时装口袋中还有复合袋型的推出，贴挖、贴插或是袋上有袋（图5-49）。

（四）纽扣设计

1. 概念

纽扣作为传统的连接性辅料产品，主要的功能作用是固定连接。因纽扣常处于服装的显眼部位，因此它的装饰作用极其重要，设计师常以纽扣作为画龙点睛之笔，丰富整体的设计效果。

图5-47 口袋的大小以手的长度和宽度为依据

图5-48 休闲装中口袋的设计活泼多变

图5-49 时装口袋中的复合袋型

2. 分类

有木制纽扣、金属纽扣、包扣、宝石纽扣、竹纽、骨质纽等。

3. 形式

（1）木制纽扣

用木材为原料制作的纽扣产品。木制纽扣自然、质朴、随意、大方，多用于时装、便装和休闲装上（图5-50），还常涂上色漆应用于编织服装和儿童服装中。

（2）金属纽扣

用金属为原料制作的纽扣。金属纽扣在西方传统的服装设计中占有重要地位，多用于职业服、演出服中，近年来也流行于女装设计中（图5-51）。

（3）包扣

包扣是用布料、皮革或其他材料将纽扣包裹起来，以求与服装造型在材质肌理、色彩、形状上达到一致，具有整体协调的功效（图5-52）。

（4）宝石纽扣

在特制的金属托上镶嵌宝石，再以此为原料制作的纽扣，高雅华贵，具有很强的装饰艺术审美价值，常用于高级时装上（图5-53）。

图5-50　木制纽扣多用于时装

图5-51　金属纽扣多用于职业装

图5-52　包扣具有整体协调的功效

图5-53　宝石纽扣常用于高级时装上

（5）竹纽

用竹材为原料制作的纽扣清纯自然,多用于针织装与民族性服装(图5-54)。

（6）骨质纽

用仿骨制品为原料制作的纽扣富有强烈的装饰情趣与艺术效果,多用于针织衫和秋冬季外套中(图5-55)。

图5-54　竹纽常用于针织装中

图5-56　一颗纽扣具有注目的作用

图5-55　鱼骨纽常用于外套中

4. 影响纽扣设计的因素

（1）数量上的区别

纽扣在服装设计中起点的作用。一颗纽扣具有注目的作用,往往成为视觉中心的焦点(图5-56);两颗纽扣具有移动的特征,吸引观赏者的审美视线;三颗以上的纽扣布局产生均衡、平稳的视觉感受(图5-57)。

（2）品类中的区别

在成衣设计中的纽扣应避免过于强烈或跳跃的色

图5-57　三颗以上的纽扣产生均衡、平稳的视觉感受

彩,以免喧宾夺主(图5-58);而在高档礼服中,纽扣的设计可以多采用鲜亮色,作为整件作品的细节点缀(图5-59)。

图5-58　成衣的纽扣避免强烈或跳跃的色彩　　　　图5-59　礼服中的纽扣成为细节点缀

(五) 门襟设计

1. 概念

门襟又称搭门,是指服装的一种开口形式,一般呈几何直线或弧线状态。门襟不仅具有穿着方便的功能,而且如果能够结合适当的装饰工艺和配饰品,也可以成为设计变化的重点,是服装上重要的装饰部位之一。

2. 分类

明门襟、暗门襟、正门襟、偏门襟、对合襟。

3. 形式

(1) 明门襟

是指明扣在外面,止口处有明显搭痕的一种设计造型(图5-60)。

(2) 暗门襟

是指暗扣在搭门里面,呈现暗扣形式的一种设计造型(图5-61)。

(3) 正门襟

是指门襟两侧对称、严肃,呈现条理感觉的一种设计造型(图5-62)。

(4) 偏门襟

是指呈现不对称形式和活泼感觉的一种设计造型(图5-63)。

图 5-60　明门襟

图 5-61　暗门襟

图 5-62　正门襟

图 5-63　偏门襟

（5）对合襟

是指连接处无叠门，左右衣身相对，用扣袢或拉链等零部件连接的一种设计造型（图 5-64）。

4. 影响门襟设计的因素

（1）与脸型、领型的呼应

门襟与衣领直接相连，门襟的造型设计应来源于领型的设计，而领型的设计又应来源于着装者的脸型特点，三者在设计上具有连贯性。

（2）与整体风格的呼应

门襟的设计需与其他的局部装饰相统一。通常，正门襟产生严肃的视觉性（图 5-65），而偏门襟产生活泼的视觉性（图 5-66）。在后背开襟与肩上开襟可以突出着装者的个性美。

图 5-64　对合襟

图5-65　正门襟产生严肃的视觉性　　图5-66　偏门襟产生活泼的视觉性

（2）分割衣片的比例美

门襟的设置必然造成对衣身的分割。因此在进行门襟的设计时，一方面要注意到着装者的穿脱方便性和舒适性，另一方面也要注意各衣片之间的比例关系，保持整体上的比例美。

（六）袢带设计

1．概念

袢带是指附加在服装主体上的长条形部件，多以纽扣进行固定连接，起着收缩和装饰的作用。近几年随着休闲装的盛行，袢带设计被广泛应用到了服装之中，不仅具有一种补充服装实用性的功能，还具有强烈的装饰审美性。

2．分类

有肩袢、腰袢、下摆袢、袖口袢等。

3．形式

（1）肩袢

肩袢是指设置在服装肩线上的一种袢带造型，多用于男装或具有男性风格的女装之中，并对溜肩、窄肩起着弥补性的视错作用，增加肩部的宽阔感，强化男性的英武气概（图5-67）。

（2）腰袢

腰袢是指设置在服装前腰及后腰处的一种袢带造型，多用于女外套、大衣或裙腰、裤腰等部位，能突出人体的腰部美感，美化服装的整体造型（图5-68）。

（3）下摆袢

下摆袢是统指设置在上衣前下摆及后下摆的一种袢带造型,多用于夹克衫和工作服中(图5-69)。下摆加袢常与收褶相结合,使服装整体呈现V字型,加强男性特征,便利活动和工作。

（4）袖口袢

袖口袢是指设置在服装袖口处的一种袢带造型,多用于外套、风衣和夹克中,便于工作活动,增加装饰美观(图5-70)。

图5-67　肩袢

图5-68　腰袢

图5-69　下摆袢

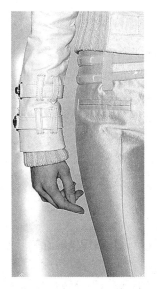

图5-70　袖口袢

4. 影响袢带设计的因素

（1）与整体风格的统一

具有面特征的宽袢带体现粗犷、刚强、威武和坚固的特质（图 5-71）；具有线特征的窄袢带体现秀丽、柔和的特质；绳状、编织的袢带体现潇洒、轻松、浪漫、别致的特质（图 5-72）。

图 5-71　宽袢带体现粗犷的特质　　　　图 5-72　绳状袢带体现浪漫的特质

（2）与局部细节的协调

在服装中袢带所占的位置、面积与长度都会与服装的其他局部细节，如衣领、衣袖、衣袋等形成一种对比。因此，要注意处理好它们之间的对比关系，达到整体上的一种相互协调的关系。

第三节　服装细节设计中的线条

线条是完整设计后产生的着装形象和形体塑造中的一个主要构成因素。对于服装设计作品而言，线条语言的重要意义并不仅仅在于构成服装的轮廓，更在于它可以同着装者的心理感受搭建起直接的联系，自身具有着独立的存在价值和意义。服装中存在的各种线条，无论是对人体形体优美的表现还是对形体缺陷的修正，都能够引发起穿着者的自信与愉悦，而面料中的图案线条和肌理线条,以及不同搭配组合后产生的各种线条,则更能激发起观赏者不同的生活联想和美好回忆。廓型设计是对服装整体进行的一种规划,而线条分割产生的内部布局则是将观赏者的视线从服装的外轮廓引到内空间,服装内部也因此而具有了装饰审美效果。服装设计中省道、褶裥和缉线等的巧妙应用,既增强了人体穿着和使用的舒适性,又协调了造型的整体效果,并形成作品自身独特的艺术风格,使服装的造型创意更具实质性的升华。

一、服装结构线的定义

服装结构线是在满足审美视觉的基础上,根据人体形态和运动的功能性要求,在服装上做出的衣片切割线处理,即指体现在服装的拼接部位,构成服装整体形态的各种线条,主要包括省道线、开刀线、褶裥等。

善于运用服装造型设计中的结构线,是一个时装设计师与一个时装画家的区别所在。回顾时装发展史中的许多经典佳作,都在于大师们恰到好处地利用了结构线的设计。服装造型设计也是通过这些线条的运用来构成各种繁简、疏密有度的形态,并利用服装美学的形式法则,创造出优美适体的衣着款式。

图 5-73　由省道变化进行的结构线造型

二、服装结构线的特征

服装的结构线具有塑造轮廓外型、适合人体体型和便利制作加工的特点。服装结构线是依据人体及人体运动的需要而设定的,服装中的省道线、开刀线、褶裥线虽然外观形态各不相同,但在构成服装时的作用却是一致的,就是使服装各个零部件结构合理、形态美观,达到适应人体、美化人体的效果,因此结构线首先具有着舒适、合身、便于行动的性能(图 5-73)。在此基础上,结构线还能使服装形成装饰美感与和谐统一的风格。服装的结构线通过巧妙地转移和拼接处理,在保证美观的前提下,既解决了服装的立体结构,又缔造了优美合体的衣着。结构线还能通过对服装结构的影响和表观,来显现和塑造服装的个性风格(图 5-74)。

三、服装结构线的种类

服装结构线的种类主要包括省道线、开刀线、褶

图 5-74　由色彩变化进行的结构线造型

裙等。

结构线不论繁简都可归纳为直线、弧线和曲线三种。直线给人以单纯、简洁之感(图5-75),显现一种男性的刚毅和挺拔;弧线显得圆润均匀而又平稳流畅,动感较强(图5-76);曲线具有轻盈、柔和、温顺的特性等。

图5-75　直线分割造型给人以单纯简洁之感　　　　图5-76　弧线分割造型给人以平稳流畅之感

四、服装结构线的设计

(一)省道

1. 概念

省道是把面料披覆在人体上,根据形体起伏变化的需要,把多余的面料省去,制作出适合人体形态的衣服。省道是围绕某一最高点进行转移的,形状为三角形。

2. 分类

有胸省、腰省、臀位省、后背省、腹省、手肘省等。

3. 形式

(1)胸省

胸省是以胸部乳房的最高点为中心,向四方做省道。因处于前胸部位,故称为胸省(图5-77)。胸省可根据造型设计的需要,通过合适的省位表现,进行多种形式的变化。在女装中,胸省是关键而重要的造型因素,有时,为了保持胸部衣料纹样的完整,或使前胸的曲线起伏更为突出优美,也常运用腰省进行配合造型(图5-78)。

图 5-77　依托胸省进行的造型设计

图 5-78　通过省道进行的结构造型

（2）臀位省

人的体型特点是腰部较细,臀部较宽,后臀位丰腴突起,小腹微微隆出,尤其体现在女性形体之中。因此为了达到裙装和裤装在腰部处的结构美观,就必须在腰部、臀部以及腹部进行省道处理(图5-79)。连衣裙因上衣与下裙相连,故上衣的胸省、腰省与裙子的臀位省也就连接为一体,如公主线设计。

（二）开刀线

1. 概念

开刀线又称分割线。开刀线是从造型美的需求出发,把衣服分割成几个部分,然后缝制成衣,以求服装整体上的适体和美观。

2. 分类

垂直分割、水平分割、斜线分割、曲线分割、曲线的变化分割、非对称分割。

3. 形式

（1）垂直分割

服装的垂直分割具有强调高度的作用,给人带来修长、挺拔的感官效应(图5-80)。垂直分割往往与省道结合运用,或成为省道的延伸变换,如公主线。由于视错觉的影响,分割的面积越窄,看起来越显得细长;反之,面积愈宽,看起来就越显得粗短。

图 5-79　裙装的臀位省

图 5-80　垂直分割

图 5-81　水平分割

图 5-82　斜线分割

（2）水平分割

服装的水平分割具有强调宽度的作用，给人带来平衡、连绵的感官效应（图 5-81）。横向分割愈多，服装愈富律动感，故在设计中，常使用横向开刀线作为装饰线，并加以滚边、嵌条、缀花边、加荷叶边、缉明线或不同色块相拼等工艺手法，来获取生动美好的服饰美感。

（3）斜线分割

斜线分割的关键在于倾斜度的把握，斜度不同则外观效果不一（图 5-82）。由于斜线的视觉移动距离比垂直线加长的缘故，接近垂直的斜线分割比垂直分割的高度感更为强烈；而接近水平的斜线分割则高度减低、幅度见增。45 度的斜线分割具有掩饰体型的作用，对胖型或瘦型人体都很适宜。设计服装时使用斜向开刀线是隐藏省道的最巧妙方法。一般情况下，人们只注意斜向的服饰效果，而忽略在斜线内的省道，因此使服装贴身合体，造型优美，富于立体感。

（4）曲线分割

曲线分割与垂直、水平分割的原理相同，只是连接胸省、腰省、臀位省道时，以柔和优美的曲线取代短而间断的省道线，具有独特的装饰作用（图 5-83）。人体是个起伏有致的圆锥体，利用视错效应，可将曲线分割运用得十分巧妙自然，从而产生优雅别致的美感。

图 5-83　曲线分割

（5）曲线的变化分割

这是一种结合人体的省道，将曲线分割与垂直线、水平线、斜线交错使用的分割方法，使人感到柔和、优美、形态多变。将这些具有装饰性的曲线变换色彩或以不同的织物面料相拼，则会产生活泼生动、情趣盎然的强烈效果。使用曲线变化分割须注意面料的质地与组织。组织过松的斜向布纹，其布边易散开或卷边；布质过薄或悬垂性强的织物，因缝线与织物的牵引力不匀易造成服装不平整，因此这些均不宜使用这类分割形式。

（6）非对称分割

非对称分割的设计，通常所见只是色彩和局部造型的非对称变化（图5-85）。在平稳中求变化，能使人感到新奇、刺激，因此，巧妙地运用省道和开刀线，可以使服装款式呈现丰富多姿的变化。

（三）褶

1. 概念

褶是将布料折叠后缝制而成的，外观富于立体感，给人以自然、飘逸的印象。褶在服装中运用十分广泛，男装夹克衫、衬衫，女衣裙装以及各式童装常见不同褶的使用。是服装结构线的又一种形式。

2. 作用

褶使服装具有一定的放松度，以适应人体活动的需要，补正体型的不足，同时亦可作为装饰之用。

3. 分类

褶裥、细皱褶、自然褶。

4. 形式

（1）褶裥

褶裥是把布折叠成一个个的裥，经烫压后形成有规律、有方向的褶（图5-86）。褶裥有顺褶、工字褶、缉线褶（明线褶、暗线褶）之分。褶的线条刚劲、挺拔、潇洒、节奏感强。褶裥的适用范围较广，瘦高型的人穿着后显得更为修长苗条；粗壮的女性则可以增加其垂直分割的效果，减弱宽度；矮瘦的人也可以用褶裥来遮掩瘦弱的体型。

（2）细皱褶

细皱褶是以小针角在布料上缝好后，将缝线抽紧，使布料自由收成细小的皱褶，这种褶形成的线条给人以蓬松柔和、自由活泼的感觉（图5-87）。细皱褶在女装与童装中运用极多，也极富变化。细皱褶自由流动的线条具有别致的装饰作用。橡筋皱也是细皱褶的一种形式，它通过橡筋的收缩形成皱褶，

图5-84 曲线的变化分割

图5-85 非对称分割

也可用橡筋线作车缝底线收褶,具有宽紧自如的特点。

图 5-86　褶裥　　　　　　图 5-87　细皱褶　　　　　　　图 5-88　自然褶

（3）自然褶

利用布料的悬垂性及经纬线的斜度自然形成的褶称为自然褶（图5-88）。常用的波浪褶即是一种自然褶,如360度的圆台裙,以中心小圆作为裙腰,外围大圆自然下垂形成生动的波浪状的褶,褶纹曲折起伏,优美而流畅。自然褶的另一种形式是仿古希腊、古罗马的服装,把布自由地披在人体上,利用布料的波折自由收褶,褶纹随意而简练。这种即兴发挥的立体裁剪方法在现代服装设计中亦常有应用,风格洒脱自由。

第四节　服装细节设计中的装饰

在服装美的整体设计效果中,装饰往往是美化服装的重要手段。设计师除了把握服装的造型特点、材料特性及色彩的运用之外,还经常把工艺装饰作为重要环节,有些服装效果几乎完全通过装饰来加以表现。服装和其他艺术形式一样也需要装饰,装饰不仅仅可以使服装整体美得以"升华",也是突出设计理念和个性的重要途径,而装饰工艺在整个服装美的表现中更是司空见惯,尤其为成衣设计师所钟爱。单纯的装饰线虽然在理论上不能归为结构的范畴,但其线条存在方式通常显示着类似结构的某些特征,并在造型上模糊着人们的识别,这在平面构成的服装造型设计中已经被广泛采用。

一、服装装饰的定义

　　服装装饰就是在服装上添加附属的物品或利用某些工艺技法,以改变服装的固有面貌,使其变化、增益、更新、美化的一项制作形式。装饰的手段既可利用一定的装饰材料进行某种装饰,也可利用一些工艺方法与技术进行加工,如扎染、蜡染等。服装的装饰工艺作为服饰中的一种艺术,它可以完美地体现人的仪表、风采与礼节,还能展示人们的精神世界,反映出各种社会伦理观念。而就服装本身的价值而言,不仅可以全面提高服装的附加值,从商业的角度来看也会使消费者产生浓厚的兴趣。

二、服装装饰的特征

1. 点缀功效

　　装饰的最大功效就是对服装进行修饰、点缀,使原本单调的服装在视觉上加强层次感,形成格局和色彩上的变化,或使原本就颇具个性的服装更加精彩夺目。融合于整体感中的装饰工艺,不仅能渲染服装的艺术气氛,更能够提高服装的审美品质。

2. 矫正功效

　　服装的款式造型可以从视觉上起到矫正、遮盖人体某些缺陷的作用,装饰工艺也具有这种矫正的功效功能。装饰可通过自身的组织结构、装饰部位或色彩对比造成一种"视差"效果,以调节穿着者形体的某些缺憾或服装本身的不平衡、不完整感。

3. 象征功效

　　装饰的象征功效超出审美功效,装饰作为一种体现文化精神和人文观念的载体,很好地体现了设计师的创作理念,以及希望通过作品所要传递的精神内涵。在很多情况下,设计师选用或设计的图案完全是借助于服装来达到某种象征的目的。

4. 实用功效

　　不少服装的装饰手法与实用功能紧密结合,以其特定的功效起到一种加强的作用。如服装上常见的口袋、纽扣、绳带、搭袢等,以及在膝、肘等处的装饰以及滚边处理等,往往既有美化功效又有连接、加固的实用功效。

三、服装装饰的种类

1. 刺绣

　　刺绣是在机织物、编织物、皮革上用针和线进行绣、贴、剪、镶、嵌等装饰的一类技术总称(图5-89)。根据所用材质和工艺的不同,刺绣又分为彩绣、白绣、黑绣、金丝绣、暗花绣、网眼布绣、镂空绣、抽纱绣、褶饰绣、饰片绣、绳饰绣、饰带绣、镜饰绣、网绣、六角网眼绣、贴布绣、拼花绣等。

2. 装饰缝

　　装饰缝主要是在面料上通过各种工艺技法的运用,使平面的面料产生出不同的肌理效果。例如,可以用叠加方式表现浮雕效果(图5-90),也可以用分离方式表现镂空效果。常见的装饰缝有绗缝、皱缩缝、细褶缝、裥饰缝、装饰线迹接缝等。

3. 其他装饰工艺

　　主要包括蕾丝、毛皮、腰带、镶边等装饰工艺(图5-91)。

图5-89 刺绣　　　　　　　　图5-90 叠加方式表现浮雕效果　　图5-91 蕾丝

四、服装装饰的设计

1. 镶滚嵌荡

镶滚嵌荡是一种布边的处理方法。它通过镶边、嵌线、滚边、荡条等装饰手法,把装饰布条夹在两层布之间,或贴于服装表面,主要运用于领口、领外围、袖口、门襟、下摆、袋盖等部位。配色上有醒目的装饰效果(图5-92,图5-93)。

图5-92 镶嵌工艺　　　　　　　图5-93 滚荡工艺

166

2. 线迹工艺

　　服装中线迹的运用几乎随处可见,缝纫线除缝合功能外,还起着一定的装饰作用。线迹工艺是一种典型的装饰手段(图5-94),它不仅可以展现设计效果,还可以体现成衣的工艺水平。缝纫线的色彩、原料及粗细,在装饰中起着不同的效果。

图5-94　线迹工艺

3. 缝型工艺

　　缝型即缝纫组合的缝线形状,是组合服装的首位要素。缝型设计应达到两个目的:一是缝线要牢固,应保持缝纫结合处具有较好的强牢度,耐洗、耐磨、耐穿;二是缝线要美观,应注意缝线的宽窄、止口的线距、缉线明暗、用线粗细、配线颜色等(图5-95)。

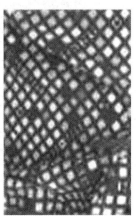

图5-95　缝型工艺

4. 再造工艺

　　面料再造是以设计需要为前提,以增强艺术感染力为目标,在现有的服装材料的基础上,依据材料的特性,运用各种服饰工艺手段对面料进行再改造的一种装饰形式(图5-96)。它可以改变材料原有的外观形态,使其在肌理、形式或质感上产生较大或质的改变,使其成为一种具有律动感、立体感、浮雕感的新型的服装材料形式。

图 5-96　再造工艺　　　　　　　　图 5-97　刺绣工艺

5. 刺绣工艺

中国刺绣服饰工艺经历了数千年，是中华民族工艺美术综合发展的结晶，表现了浓郁的雄浑和朴拙的艺术特色。刺绣纹样多以花鸟为题材，技法趋于多样化，如苏绣、湘绣、粤绣、蜀绣等，具有鲜明的民族文化特征，并反映民族的风俗习惯，与服饰相映衬，使服装更精美、典雅（图5-97）。

6. 花边工艺

花边原本装饰在领边、袖口、门襟等处，随着服装的纵深发展，不对称的裙下摆，剖开缝的结合处等也应用了花边作装饰（图5-98）。常见的花边种类有本色料的皱花边、尼龙花边、缎带花边等。

图 5-98　花边工艺

7. 商标工艺

目前，商标装饰工艺出现外移化的特点。商标不再钉在服装的暗处，而是暴露在显眼的袋口边、衣袖及裤片上（图5-99，图5-100）。

图 5-99 商标工艺在 T 恤中的应用

图 5-100 商标工艺在休闲装中的应用

本章小结

追求服装优美的造型是每位服装设计师的追求目标,但要实现这一目标,还须潜心研究服装的细节设计,因为它对体现服装的整体造型起着决定性的作用,只有充分运用创造性思维和多样性统一的美的规律,才能在款式造型的基础上实现服装细节的结构美及装饰美。服装造型设计中细节设计的装饰语言层出不穷,服装的造型设计和生产过程,也是设计师和生产者对潜在的着装者进行艺术表达和寻求审美认同的过程,而着装者也正是通过服饰的选择,来达到与设计师在风格样式、审美情趣以及德行品格上的默契与沟通。

思考与练习

1. 简述服装造型设计中细节设计的特征及设计要点。
2. 试分析 O 型和 T 型服装,在细节设计时需注意的设计要点是否有不同。
3. 选择一种服装廓型(如 T 型)进行 5~8 款服装的细节变化设计。

第六章

服装造型设计的程序

　　做任何事情,首先强调的就是程序。管理界有句名言:"细节决定成败。"程序就是整治细节最好的工具。于是,现在我们的所有工作,无时无处不在强调程序。服装造型设计的程序,顾名思义,即是为进行服装造型设计活动或过程所规定的途径,与服装造型活动实现预期目标的顺序结合,具有十分明确的指导意义。面对一项服装造型设计任务应该如何切入? 这是初学者接触专业设计时出现频度最高的提问。如何切入其中,掌握服装造型设计的程序是必由之路,即设计师在设计服装造型的过程中所应当遵循的方法和步骤。服装造型设计是一项实践性、操作性很强的专业活动。

第一节　服装造型设计的构想

　　服装就像一面镜子,从侧面反映了一个时代、一个国家的发展。随着时代、生活、潮流不断的向前发展,服装的造型也发生了翻天覆地的变化,新的时代潮流不断地改变着人们的审美观念、审美情趣、审美尺度。服装造型设计要体现以时代为背景,突出审美和创新,把握住潮流感和多样化的趋势,这就要求设计者掌握服装造型设计的方法,并运用现实可行的方法为指导,进行服装造型设计的构想和创造。20世纪60年代以来,由于科学技术的飞速发展和产品竞争的日益剧烈,各行各业都普遍重视设计环节,在一定程度上也大大推动了对服装造型设计方法构想的研究(图6-1)。

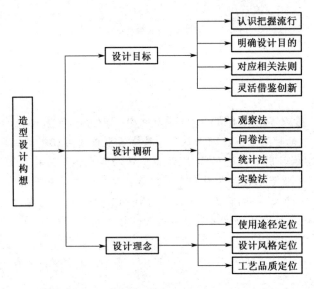

图6-1　造型设计构想步骤

一、设计目标

　　完成好每一款的服装造型是设计师一生不懈追求的目标,也是一项庞大的综合性工程,需要构思考虑的方面很多。一个优秀的服装设计者在每一期的方案策划初期,首先应做到明确设计目的,这是所有工作的根本和起源。

1. 认识把握流行

　　认识服装的流行,对设计师接下来的工作具有引导和推动作用,但这不是决定因素。款式的流行,最终取决于设计者在服装作品中所表达的设计理念、设计意图,以及设计情调,需要服装设计者努力地通过认识流行,从中预测流行,进而把握流行,这样才能创作出符合潮流的、具有艺术感染力的服装造型作品。

2. 明确设计目的

　　设计者只有在明确为什么而设计后,才能把握住设计重点,努力从各方面挖掘造型创作的素材,有的放矢地进行服装造型的创作设计。服装设计师构思新颖款式可依据以下六大要素,简称5W1P。5W 即对象(Who)、时间(When)、地点(Where)、目的(Why)、设计的东西(What)、1P 即价格(Price)

3. 对应相关法则

服装造型设计是以人为本的创作活动,应充分研究人的各种因素,在展示人体美的同时展示服装的形式美。这就需要设计师在造型设计中,善于将各种要素协调统一于一体,辨证合理地应用造型美法则,充分调动各个形式美要素,发挥它们各自的特性,从整体出发,抓大放小,选择设计重点,注重整体效果,为服装造型的整体美而服务。

4. 灵活借鉴创新

充分想象,灵活借鉴人类、自然界一切可以利用的艺术形式和美的内容,启迪创作的思路,挖掘其中美的内在要素,激发设计灵感,使一切美的东西为我所用,并融于服装造型设计之中。这样才能设计出紧跟时代步伐、具有较强生命力的、受人们欢迎的服装作品。

二、设计调研

调研是设计构思的前奏,现代社会环境下的产品定位理论与现代设计的概念有密切的关系。设计就是设想、运筹、计划与运算,它是人类为实现某种特定目的而进行的创造性活动。那么服装产品设计的第一步就是确定设计目的,其次才是寻找解决问题的设计方法。正确选择调研的方法,对调研结果的准确性影响很大。调研的方法有很多,其主要方法可分为观察法、调查法、统计法、实验法。

1. 观察法

通过观察和调研与开发产品相关的人、行为和情况来收集原始数据的方法。观察法实施的地点可在城市最繁华的商业圈;可在与开发产品具有横向关联的品牌店铺附近;也可在开发产品本身的品牌店铺内,观察顾客的行为及购买产品的消费者。

2. 问卷法

以事先设定一定目的和数量的问题,要求被调研者进行书面回答来收集原始数据的方法。问卷法是收集原始数据最常用的方法,有时也是调查工作可使用的唯一方法。问卷法比较灵活,可以得到不同情况下的各种信息。

3. 统计法

通过多种渠道(网络、报刊、杂志等)获取与开发产品相关的信息来收集原始数据的方法。统计法主要是通过收集一些产品发展的纵向数据,以及当下的国际国内最新资讯来获取信息的方法。统计法相对而言速度快,成本低。

4. 实验法

选择合适的被实验者,在不同条件下,控制住影响结果的主导因素以外的因素,检验不同组内被实验者的反应。凡是某一种产品改变造型、色彩、材质、包装、价格、广告、陈列等因素时,都可先做一个小规模实验,了解观赏者的行为变化。然后对实验结果进行分析总结,再作出相关判断和决定。

三、设计理念

产品设计不是简单的画服装效果图,而是一个整体全面的构思、选择、组合、规划、实践的过程。产品在设计过程中受到众多因素的制约。设计理念强调的是整体配合和选择的最佳组合方案。准确的设计理念可以使设计从盲目性、简单性、模式性向目标性、合理性、创新性方向发展,保持自身的风格,开拓产品的创新。设计理念定位的内容主要包括产品使用途径的定位、产品设计风格的定位、产品工艺品质的定位。

1. 使用途径定位

设计理念是针对产品的创造而言,不同品类的产品设计理念是有着本质性区别的。成衣设计中所关注的重心只有一个——市场。产品的设计开发必须围绕这个核心进行,产品使用者是产品服务的对象,他们的特点和生活方式决定了其所需要的服务。因此,可以说在成衣设计中,对目标使用者的定位决定了设计的最终指向;而展示类服装设计中,其根本目的是在于服装风格的推广,故而在这类服装的设计中,我们更多地可以看见设计师对设计理念淋漓尽致的展现,甚至荒谬怪诞、天马行空,但却又从这些貌似与生活格格不入的作品中,我们却深深地捕捉到了设计师和作品想要表达的艺术风格。

2. 设计风格定位

在各种工业产品和艺术产品中,服装的设计风格是最具有广泛性和多变性的。在服装的历史发展过程中,出现了诸多形态的服饰,进入现代,时尚的本质更是以强调风格设计为核心。因此设计风格的定位是设计理念形成中的重要因素。设计风格主要包括款式风格、色彩风格和面料风格。款式风格一般是指服装的线条风格,包括轮廓线、结构线与装饰线。色彩风格是指整体产品的组合色调,而并非单个色彩。面料风格是指整体产品的面料组合风格,包括面料的原料类型、织造风格(手感、肌理等)、图案风格等。

3. 工艺品质定位

服装设计是一个系统工程,从主题的选择、灵感的确定到最终成衣的完成,都是艺术与技术的结合,是设计与工艺的对接。任何设计的作品最终都必须通过制作来加以实现,品质是产品最终展现的可靠保证,工艺上任何的细微变化都将演绎出不同的时尚和风格。不重视整体把握,片面看重款式设计,看重效果图的绘制,而不关注结构设计及工艺过程,不为即将开发设计的产品准确地进行工艺品质的定位,那么即便产品被设计开发出来了,也只能作为用于欣赏的纯艺术品单独存在。

第二节　服装造型设计的分析

在设计学科中,设计方法及程序是最具实践性的理论,这些方法和理论具有广泛意义上的指导性。但它们是发展和变化着的,对于不同的设计项目、设计环境和设计要求,其设计方法都会产生一定的不同。这就需要设计人员根据实际情况进行具体分析,以此来取得正确造型方法的借鉴和使用。这在设计程序展开的前期是非常重要而且必需的,通过各方面调研数据的采集和比较处理,从理性思维的角度获取进行造型设计的方向,才是确保设计能够取得良好结果的基础。否则,由于设计前期的盲从性和条理上的混乱性,极有可能导致优秀作品夭折和枯萎。

一、资讯收集

设计资讯的收集渗透在众多渠道中。有来自行业内部的专业流行发布秀,也有暗含在众多生活层面中的反馈信息。

1. 时装发布会

每年,世界五大时装中心(巴黎、伦敦、米兰、纽约、东京)会按照春夏和秋冬两季,发布最新高级时装和高级成衣的流行趋势。每一季流行的主题包括色彩、面料、装饰、风格等,都由一些设计师和行业组织沟通之后共同决定,再分别通过设计师的个人理念进行演绎推广。这些发布会对全球时尚热点的转移有着决定性的影响力,是流行的风向标,也是其他设计师汲取设计素材的主要来源。

2. 时尚媒体

媒体在传播每季新秀场的服装图片上发挥了丰富的创造力,组合设计出全新的穿着方式和迥异的设计风格,并用富有感染力的词汇进行渲染。作为设计师,为了保持新鲜的时尚意识,为了解消费者的时尚心态,也需要经常关注时尚媒体对装扮风格的引导。欧美最为著名的消费性时尚杂志包括《服饰与美容》(Vogue)、《世界时装之苑》(Elle)、《玛丽嘉》(Marie Claire)等,以介绍最新的时尚信息,传播时尚艺术为主。国内的时尚杂志主要以《时装》《中国时装》《上海服饰》等为代表。

3. 专业权威组织机构的预测

世界权威组织流行预测机构和我国流行趋势研究机构,每年都会发布 18 个月后的主题趋势预测。该预测涉及的主要内容有色彩、织物、风格、款式等各方面的新主题。

二、纵向比较

在长期发展的生活实践中,我们的祖先创造了大量具有较高艺术观赏价值的传统服饰。这些传统服饰是我们今天进行服装造型创意时可供借鉴的、极其丰富而宝贵的素材。我国是一个多民族的大国,且具有五千年悠久的历史,不同民族、不同时期的服饰之间既具有着密切的联系,又具有着各自不同的特征。借鉴我国传统服饰的艺术形式,来表现当代服饰的艺术魅力,更容易显示作品鲜明的个性并获得成功。

三、横向借鉴

由于表现材料和手段的不同,艺术分为许多不同的门类,如绘画、雕塑、音乐、舞蹈等。各门类艺术在其自身的发展过程中都积累了大量的经验,塑造了许多使人赏心悦目的艺术形式,而这些各不相同的经验和千姿百态的艺术形式,又都有着共同的艺术创作规律。因此,各门类艺术在可能和必要的情况下,都应注意从其他门类艺术中汲取营养。服装是一门独立的艺术,它的发展有其自身的规律,但它也不是孤立的,服装与其他艺术门类有着广泛的联系,并受到其他艺术门类的影响。例如,绘画是使用形、色、肌理来塑造形象的艺术,其理论和形式对服装都有着直接的影响。荷兰画家蒙德里安的绘画全部由彩色的直线和矩形构成,法国服装设计大师伊夫·圣·洛朗就曾经把这些绘画语言用在了裙装的设计上,使服装展现了与众不同的艺术魅力。

四、流行分析

1. 确认流行要素

流行趋势的审视辨别包括下列五个流行要素。

① 廓型。首先用专业的名称分类各种服装的外形,之后,再对由许多不同形状组合而成的服装轮廓进行定位,形成的整体印象称之为流行印象。廓型是设计的第一步,也是其后造型的基础、依据和骨架。设计师描绘服装外观的形状的过程,仿佛就是进行一种空间关系的游戏。

② 面料。面料就是设计师用来制作服装的材料,就如同农民用来种植粮食的种子、土地和肥料一样。面料的流行是从纤维、织法、手感、重量、花样、后处理等方面进行演变的,对每一季面料中流行的描述往往都是着重于其中的一个亮点进行的。

③ 色彩。在色彩的审视过程中,必须精确描述色彩的色相与明度、纯度。当季的流行色彩,到底是灰暗还是明亮、混浊还是清澈、哑光还是亮光、透明还是朦胧,都应专业性地进行记录。虽然每个色系在每一季都会见到其踪迹,但是其色调在本质上必有所变动。

④ 细节。每一季的发布中,有些设计会非常注重细节,而也有些设计则全然避免任何装饰,设计师应该仔细检视这种造型款式的差异。细节体现在颈线、袖子、腰线、裙摆、口袋、腰带、绣花、褶裥、纽扣、缝饰、垫肩、折边、蝴蝶结等方面,每季呈现出或多或少地改变。一季中不断重复出现的特定细节,势必会成为当季的流行焦点。

⑤ 风格。综合所有的流行要素,服装就会呈现出一种特殊的面貌,这就是服装的风格。它或许是明显的,也或许是一种混合的难以诉诸文字的风貌。服装风格是服装外观样式与精神内涵相结合的总体表现,是服装所传达的内涵与感觉。服装风格能传达出服装的总体特征,这强烈的感染力是服装的灵魂所在。

2. 观察共同特征

要掌握流行的趋势脉动,必须仔细观察某一元素的重复出现情形。在休闲服或套装上,是否一直可见亚麻的痕迹;在大衣或衬衫上,是否一直有扣子或领子。注意系列服饰中处处可见的共同特色,再把同样的观察练习,应用到观察街上到处可见的流行服饰中。时尚的人们将流行风貌消化重组成个人风格是流行趋势的一种标志。

3. 根源分析

除了了解流行的信息外,还应了解促发这个趋势的来源与动机。流行不会不合逻辑,也不会毫无章法,应该会有一种因果关系。只要努力分析所发生的事情,就可发掘其中的真相。设计师若能将自己的流行意识培养到超级敏感的地步,必定能成为一名优秀的时装设计师。

4. 信息编辑

为了完成新的产品设计,设计师必须梳理国内外的各种服饰资讯,努力寻求最具爆发力的创新点。轮流过滤这些风格独具的趋势,找到最符合自身产品的流行风格。在这个编辑的过程中,设计师不但必须充分了解流行界,而且思考还必须严谨,必须将各种信息精简浓缩,根据设计精神从中采集并重新定义流行焦点,同时对流行趋势的短期或长期的走向还需进行斟酌思量。

5. 主题陈述

主题是所有设计活动的中心理念,是对流行趋势的预测描述。主题的确立,是设计作品成功的重要因素之一。设计的艺术性、审美性以及实用性,都是通过主题的确立充分体现出来的。同时主题的确立还能够反映出不同的时代气息、社会风尚、流行风潮及艺术倾向。

第三节 服装造型设计的表达

在整体设计构思基本完成的前提下,选择一种适合表现该设计的途径方法,是设计师迫在眉睫的任务。服装是由面料构成的实体性产品,最终必须以物的形态呈现出来。故而通过最适合的绘画表现,将构思的过程仔细完整地予以记录,并利用制图进行款式结构上的分析和处理,以保持服装的合理性和舒适性,再进行最后阶段的实物表现即服装的加工缝制,以精良的工艺水准完成对创意构思的最终表达和体现。实物完成后的展示还必须通过一定形式的陈列设计,以便达到与观赏者更快速的交流和时尚资讯的传递,得到大众对作品的认可和接受。

一、绘画表现

造型设计的构思是通过服装效果图进行表达传递的。服装效果图的实用性很强,是设计师将设计构思以比较写实的手法表现出的形式。画面人物形象逼真,以正面或半侧面的形象居多,款式、面料、色彩、结构等表现得很具体明了,且裁剪师能据此进行裁剪并缝制。作为一名服装设计师,主要通过设计稿把创意传递给打板师,使其领会设计意图,同时在结构设计、制定尺寸规格时尽量满足设计要求。因此,设计师所创作的设计稿应力争做到结构清楚,有时还需对具体的细节部位(包括所用面辅料、具体工艺、装饰配件等)有所交代,这样才能使设计的服装符合制作要求。设计师还需画平面款式图,对这种平面图稿,打板师和制作师要能理解,还需补上具体的尺寸,诸如袖子、领子等关键部位的长度和宽度。

二、制图表现

制图表现就是生产制作服装的图纸,又称纸样、样板等,是服装生产中裁剪、缝制和后整理等工序中不可缺少的标样;是产品的规格、造型和工艺的主要依据;是成衣的平面展开图;是服装从设计到成衣完成的中间纽带。制图是提供合乎款式要求、面料要求、规格尺寸和工艺要求的一整套利于裁剪、缝制和后整理的纸样或样板的过程。服装制板技术直接影响到服装成衣的造型,同时,又能帮助服装设计师进行服装再设计。

三、实物表现

在经过设计师的绘画表现和制图表现两个环节之后,就开始进入了服装的实物表现阶段,实物表现即是将设计师关于服装的创作意图通过服装材料的缝制组合等工艺手段,将完全真实可触摸的服装实物展现出来。在这一表现过程中,要注重每一个设计细节的表达,服装的成形技术有缝、黏合、编织等。其中缝合是主要的成形方法,缝合是将服装部件用一定形式的线迹固定后作为特定的缝型而组合。缝迹和缝型是缝合中两个最基本的要素。选择与材料相匹配并符合穿着强度要求的线迹和缝型,对缝合的质量是至关重要的,以及对于相应机器的选择都是实物表现过程中所应该注意的。

四、空间展示

为了把服装的内涵文化、风格定位、设计理念、款式细节充分展示并传递给观赏者,成功完成服装设计的终端环节,并最终实现服装的产品价值,空间展示是一大要素。每一款服装本身都具有不同的造型,我们又将它称之为款式。设计师在设计每一款服装时,都是以人体的穿着状态为参考,以人体的尺寸为数据,以穿着效果为目标的。当所有的制作程序结束后,就需要呈现一种状态等待观赏者的欣赏和评价。在这个观赏阶段,服装的呈现状态不可能都和人体的穿着效果相同,可用人模陈列和正挂陈列的方式进行效果展示,使观赏者从空间三维的角度全方位地进行审视。

第四节　服装造型设计的评价

在产品造型的设计过程中,有一项贯穿始终的工作,不断地在审视设计的进程中调整着设计方向,保证设计的有效进行,这就是设计评价。设计活动的最终目标是获得满足需求的最优设计方案,而最优设计方案的选择是通过设计评价来实现的。正如印度设计师维杰·格普泰所述:"设计质量这一问题有两个方面:其一,对性能或质量的各个方面必须有一种有效的标准;其二,要把这些独立的标准组合起来,使之成为有效的组合标准,在这种有效的组合标准的基础上,才可以对各种不同的设计方案进行全面的比较。"所以一项产品的实际价值,可用它的全能价值来衡量。

一、评价标准

1. 设计创新评价

创新度是设计的生命所在,造型是在外轮廓元素、内轮廓元素、色彩元素、图案元素、材质元素、工艺元素、装饰附件元素中进行选择,将影响造型的这些元素统归在一起,进行多项重新组合,或打散重构成新的东西。设计师头脑中的造型设计理念就通过这些元素为媒介进行物化,创造出很多"拟物"设计。所以,设计评价必须多方面多层次的展开进行,才能够获取对作品真实客观的评价表述。

2. 品牌风格评价

品牌服装设计追求的最高境界就是服装的风格设计,即为自身的品牌产品创造崭新的服装风格。设计师要达到服装造型设计的目的并不难,只要通过不同的手法将服装的面料组合起来,并与人体产生一定的联系就可以了,但这一切并不能意味着风格的诞生。评判某一品牌服装的成功与否,必须考察它是否树立起了自身的设计风格,并将这种风格很好地延续在每一季的产品之中。风格是品牌发展的基础,也是设计师成熟的标志。

3. 服用功能评价

服装是我们每个人生活中的必需品,因此服装自身所产生的穿用功能是非常重要的。一件优秀的服装作品如果失去了服用功能,那么也即失去了本质上存在的价值和意义。服装如何更舒适地为着装者所享用,应该是每一位设计师时刻思考的首要问题。在此基础上才能进行各种造型的创意,否则即便创作出了全新意义上的设计,但却无法着用或是妨碍活动的自由,这种丧失功能性的服装只能称之为艺术品,而不能成为一件具有实用价值的服装产品。

二、评价方式

1. 静态展示

服装的静态展示是一项综合性的事务,是通过服装产品、货架、模特、灯光、色彩等一系列服装展示元素进行的一种有目的、有组织的科学规划,把服装产品的物质与精神传递给观赏者的表现活动。服装静态展示的陈列主要有挂装陈列、叠装陈列、人模陈列、平面陈列等形式。

2. 动态展示

服装的动态展示也是一项综合性的事务,是通过服装、模特、音乐、灯光、舞台等手段来进行产品展示的一种形式和活动。通过对秀场主题的策划与安排,确定模特的妆容和发型,排定演出程序,明确演出风格,去充实和表现设计师的创作理念,体现作品的精神内涵,推广产品的大众接受度。

本章小结

服装造型设计的目的很明确,即在各种条件的限制内协调人与之相适应的合理性,以使其设计结果能够影响和改变人的生活状态。要达到这种目的最根本的途径是设计的概念来源,也就是原始的创作动力,它是否适应设计程序的要求并且能够解决问题,而取得这种概念的途径,应该是依靠科学和理性的分析来发现问题,进而提出解决问题的整体方案,全部过程是一个循序渐进和自然而然的孵化过程。设计师的设计概念应在其占有相当可观的已知资料的基础上,很合理地像流水一样自然流淌出来,当然在设计当中功能的理性分析与在艺术形式上的完美结合,要依靠设计师内在的品质修养与实践经验来实现。这就要求设计师应该广泛涉猎不同门类的知识,对任何事物都抱有积极的态度和敏锐的观察。

思考与练习

1. 认识当今流行趋势的主要途径及方法有什么?
2. 阐述作为一名服装设计师所应具备的关于服装造型设计表达的素质。
3. 结合消费心理学知识谈谈服装的动态展示对于服装销售的引导作用。
4. 纵向比较对于服装造型设计的重要性。
5. 通过服装造型设计的调研活动,掌握所在城市的大学生消费群体关于服装造型的消费趋势,并绘制出相应 5~8 款服装款式图。

第七章

服装造型设计的方法

　　服装造型设计中堪称第一要素的应该就是思维，因此现代设计师都十分注重灵感的培养。因为没有灵感的激发设计师便会才思枯竭，构思不出具有创意和突破性的作品。服装艺术是时空环境和信息流程中的一种行为方式，同时也是一种文化的方式，所以，服装设计必须以满足人们生理、心理、认知和审美需要为前提，在性质、功能、结构、造型等各方面，使服装在平面和空间的效果和视觉形象上，追求具有形式感、艺术感、情趣感和体量感的表现，这是一项综合性的整体设计。设计师必须具有相应的文化、历史、音乐、色彩、美术、雕塑、建筑等多方面的文化底蕴，并且在设计的过程中运用多元创作的思维，才能够创作出符合这种意义的作品。

第一节　服装造型设计的思维方法

在人类生活和工作的一切领域中,人们若想有所突破、有所创新、有所进步,都离不开设计思维的运用。设计思维指的是进行设计时的构思方法,是生成设计最初的突破口。设计思维对于设计、研究工作尤为重要,也是服装设计师赖以成功的决定因素。服装造型的设计更需要设计师运用设计思维不断地推陈出新,创作出具有崭新意义的好作品。设计思维以灵活、多样、新奇为特征,要求设计师多角度、多层面地去看待生活中平常的事物,从一切事物的共性中发现个性,完成前所未有的设计创意。在科技突飞猛进的时代,设计师通过设计思维的展开进行立体性的综合思考,结合精深的专业知识和长期的实践经验,抓住有利的契机,使创造灵感蓬勃而发,服装优秀作品不断地推陈出新。

一、常规设计思维

常规设计思维又叫正向思维,是一种长于继承或沿袭的惯性思维,是人们习惯的一种思维方式。常规思维就是顺应人们对事物发展规律的正常理解和认识,自然地感受事物的面目并且适当予以变化。这种方式是直接发现问题,根据问题的焦点从正面甚至是表面上直接寻找解决问题的办法(图7-1)。常规思维对事物的认识非常直观,并赋予一定的逻辑性和推理性,但是万变不离其中,无论怎么变化还是有一个常规的框架。例如,表现方的造型,最多只是进行一些细小的变化,比如处理成边角带有少许的弧度,但是绝对不会变成圆形或三角形。常规思维在系列服装设计中,通常可以发挥保持整体风格的作用。

图7-1　以鲜花为灵感的服装造型设计

常规思维是设计中最常用的一种思维方式,按照一定的模式进行构思创作,中规中矩,不求太大的突破。例如,设计经典服装,就会想到采用印象中的风格印象、造型特征以及常用的面料色彩等,然后在这个范围之内进行设计;设计职业套装,就会想到采用精纺毛料;设计高级礼服,就会想到采用丝绸、织锦缎等。再如,进行男装设计,就会与棱角分明、刚健有力联系起来;进行内衣设计,就会想到棉质面料,想到透气性、舒适性等一系列已成定势的规律。所以在通常情况下,常规设计思维使用的频率是最为普遍的。

二、变异设计思维

变异设计思维又叫逆向思维,就是从事物的相反方向来考虑问题的一种思维方法。它常常与事物常理相悖,但却能达到出其不意的观赏效果(图7-2)。因此,在创造性思维中,逆向思维是最活跃的部分。服装设计具有时尚、流行和多变的特点,如果按照常规的思路来进行设计,有时会使作品缺乏创造性,不能起到引导潮流的作用,而采用逆向思维则会取得意想不到的效果。从中外服装艺术发展的历史来看,我们常常可以在服装造型流行的过程中感受到逆向思维的影响。例如,在某一时期或某种环境下,当人们追求华丽和夸张的服装造型,以豪华绮丽的风格满足自己的审美心理时,那么在这种流行过后,人们势必会从简约和朴实中体验到一种新的境界,这就是所谓流行的逆向思维模式。

图7-2　反其道而行之是逆向思维的设计宗旨

一些世界级时装大师的作品之所以经典,往往也是采用了逆向思维的设计方法。法国设计大师夏帕瑞丽的"错位"设计就是典型的逆向思维,将帽子设计成鞋子的形状,追求着一种丑陋的雅致;与其同时代的另一位设计巨匠夏奈尔将黄金比中的3:5或5:8转变为5:3或8:5时,假小子风貌便被她塑造得淋漓尽致;而"朋克之母"维维安·维斯特伍德更是长于以违反常规的审美心理,将叛逆的服装设计到极致。这一切设计的成功都是大师们运用逆向思维的方法体现。

三、发散设计思维

发散思维是经由对一个信息的感悟、刺激,而产生多个信息灵感的一种思维方式。发散思维的作品多具有系列性,通常由一个事物中获知的灵感延伸得到一系列相同风格的作品。例如,由法国设计大师迪奥首创的字母造型服装,就是逐渐衍射形成群体的。发散思维主要是设计师运用了形象思维和立体思维,对服装整体造型进行全方位思考,以服装的某一点为中心,扩展和延伸到服装的整体。根据服装创作的出发点和灵感的来源,进行挖掘和联想,为服装造型的设计提供广阔的思维空间。发散思维方法在服装系列设计中运用时,更能表现出服装的韵律和节奏,使服装既能在统一中体现细节的变化,又能在变化中把握造型的统一。

优秀的服装设计作品应当有设计师独特的个性气质和深刻的思想内涵,也就是通常所说的风格,但风格背后是设计师的发散联想,是思维的扩展与再凝聚。例如,日本著名的设计师森英惠常从日本传统文化中得到灵感启发,运用服装元素来表达她的设计主张;而法国设计师克里斯汀·拉克鲁瓦则善于吸收法国巴洛克和洛可可时期华丽的复古风格,由此创作了很多具有浪漫气息的礼服精品(图7-3)。

图7-3 森英惠源于日本传统服饰的造型设计　　　　　图7-4 聚合思维下的造型设计

四、聚合设计思维

聚合设计思维是在已有的众多信息中寻找一种最佳的解决问题方法的思维方式。在运用聚合设计思维的过程中,要想准确发现最佳的设计方案,就必须综合考察各种思维成果,进行综合的比较和分析。在服装造型设计的过程中,服装设计师应注意培养对众多信息进行收集、分析和归纳的基本素质。服装造型从其构成上来讲,是许多已有的细部造型按照设计师或消费者的意愿和需要,选择出有用的设计元素,经过设计师的重新组织进行再创造和升华的一个过程。设计师对聚合设计思维的娴熟应用,才能确保重组过程的再创造性(图7-4)。

运用聚合设计思维设计服装造型时,可以采用加、减、扩、展、移等设计方式来进行。在服装设计中,我们为了使原有的服装产生新意,可以选用主体附加的方法,即通过局部的添加和缩减来达到目的。例如,将普通的无领、直襟、四兜、合体等特性的要素合为一体,产生新的服装造型;在无袖的服装上加上各式各样的袖形,就能产生各种风格不同的服装造型。

五、联想设计思维

联想设计思维是根据各事物之间接近、相似或相对的特点,进行由此及彼、由近及远、由表及里的一种思维方法(图7-5)。这种思维是通过对两种以上事物之间存在的关联性与可比性的联系,去扩展人脑中固有的思维,使其由旧见新,由已知推未知,从而获得更多的设想、预见和推测。在服装造型设计的过程中,我们可以从自然界或其他造型艺术中得到启示,将我们所能看到的、具有一定的艺术特性的形状经过变形或改造,创造出具有个性和特色、符合服装特性的新的服装造型。

图7-5　由自然界甲壳虫联想而生的造型设计

从中外服装设计的发展过程中,我们可以找到许多运用联想思维法进行服装造型设计的成功例子。在西方服装发展艺术史上,中世纪哥特式时期的服装造型大多来源于那个时期的建筑造型,其中亨宁帽就是运用联想思维进行创造的最好例证。20世纪70年代法国著名的设计师皮尔·卡丹访问中国时,从中国古代建筑——故宫的造型中得到灵感启发,由此设计了一系列具有中国特色和风格的"建筑风"作品,都是运用这种思维方法的实例见证。

六、无理设计思维

无理思维就是故意打破思维的合理性而进行一些不太合理的思考,然后从这些不合理中寻找灵感,发现突破口,再从中整理出比较合理的部分。无理思维常将设计中许多没有道理的部分进行重新组合,可以从中发现值得保留的创新元素,从而突破性地改变事物原有的形象,创造出一种新奇的意境。许多设计如果在过程中一板一眼,教条刻板,就会让人感觉索然无味,相反利用无理思维的构思,反而会使观者由不正确的视觉印象而对设计充满了趣味。例如,领子本来是从脖子套进去的,而利用无理思维将其从胳膊套进去,在看似穿错了的感觉中寻求一种创新的乐趣。

回顾服装设计中的历史经典,我们会发现许多的辉煌都是大师们运用无理设计思维铸就的。1983年春夏,川久保玲推出的乞丐服无不让世人瞠目结舌(图7-6),大师从看似丑陋无用的元素中,通过独到的设计眼光和构思组合,创造出的优秀作品震撼了整个时装界。2002年春夏亚历山大·麦克奎恩设计的作品中,两根钢钎如刺刀般穿过女模特的胸膛,展示场面充斥着血腥和惊恐,一反大众对时装唯美展现的印象,深刻体现了设计师天马行空,从无理设计中创造新思路的伟大才华(图7-7)。

图7-6　川久保玲设计的乞丐服

图7-7　麦克奎恩设计的钢钎穿胸

第二节　服装造型设计的设计方法

服装造型在服装设计中有着十分重要的地位,服装的流行在很大程度上也可以说是造型的变化,因此造型的创新是服装设计的关键。创新才能使服装不被同化、重复和雷同而具有生存的独创性和生命力。古人云:"授人以鱼,只供一饭之需;教人以渔,则终生受用无穷。"这句话道出了凡事的作为中处理方法的重要性。如何在满足人体舒适性的前提下进行服装造型的创新,已成为当前设计师进行设计时所思考的首要问题。设计师只有通过不懈地学习,努力提高思维能力,正确运用思维方法,加强发现问题、解决问题的能力,才能在设计中寻求到体现艺术与科学紧密结合的独特表现方式,丰富服装产品的审美表达,提高设计的创造品质,在社会需要和设计创新之间结出丰硕的果实。

一、夸张法

夸张法是把事物的状态和特性放大或缩小,在趋向极端位置的过程中截取其利用的可能性的一种设计方法。夸张法通常是以一个原有造型为基础,这些造型可以是领、袖、袋或衣服等服装上的任何一个设计元素,在此基础上对其进行放大或缩小,追求其造型上的极限,并以此确定最理想的造型。任何设计元素的夸大或缩小全凭设计师根据设计的要求自由把握。夸张法特别适合于前卫风格服装的设计。

夸张法的形式多样,如重叠、组合、变换、接线的移动和分解等,可以从位置高低、长短、粗细、轻重、厚薄、软硬等方面进行造型夸张。例如,一款正常的西服翻驳领,经设计师的极度夸张后,成为整个衣身上面积最为显著的一个部件,也很显然这么一款超大的领型设计正是设计师的创新所在(图7-8)。又如,发布会中常见的两片袖可夸张到古代深衣的大袖(图7-9),也有缩小成只在肩头作一点装饰的无袖。

二、逆向法

逆向法又称反传统法,是一种打破常规,以设计别出心裁的作品为结果的设计方法,要求设计师对所思考的问题进行对立、颠倒、反面、逆转等角度的变化,从而创造性地解决现有问题。这种方法使人站在习惯性思考问题的反面,从颠倒的角度去看问题,故而常会收获不同的发现。例如,男装女穿(图7-10)、新装做旧、内衣外穿等。总之,逆向法是服装设计上的一个重要突破。

在服装设计领域,运用逆向法导致成功设计的情况并不少见。克里斯汀·迪奥在二战后逆女装男性化的潮流,推出"新风貌女装",并由此一举成名;20世纪七八十年代的紧身上衣、喇叭裤等,给人们的身体带来诸多不适,又给生活带来很多不便,而90年代以后流行的休闲装却反其道而行之,以宽松见长,让人穿上感觉舒适、方便、轻快,故而深受人们的欢迎(图7-11)。使用逆向法时一定要灵活,切不可生搬硬套,设计的作品无论多有新意,也要保持原有事物的自身特点,否则就会使设计显得生硬而滑稽。内衣外穿也不是把一条内衣套在外边即可,要借助内衣形的同时还要兼具外衣的特征。

图7-8 翻驳领的夸张设计

图7-9 衣袖的夸张设计

图 7-10　男装女穿的造型设计　　　　　　　　　　　　　　　图 7-11　继束身风后盛行的休闲风

三、变换法

变换法是指改变事物中的某一现状,产生新的形态。设计的涵义之一是创新,无论更改哪个方面,都会赋予设计新的含义,服装由设计、材料、制作三大要素构成,因此变换法在服装中的应用可以从这三个方面入手。

1. 变换设计

变换设计主要指变换服装的造型和色彩及饰物等。例如,将西方传统婚纱的白色改为中国传统婚服的红色(图7-12),或将其西式造型改为中式旗袍造型,就赋予了原有婚纱全新的设计涵义。

2. 变换材料

变换材料是指变换服装中的面料和辅料。例如,将针织外套的门襟采用梭织皮革面料(图7-13),就可以从材料的角度起到丰富设计手法的效果。同时,较之针织材料而言,皮革面料更具光亮度,与针织的暗哑材质形成一种肌理上的对比,而且也较针织品而言更具牢固性。

3. 变换工艺

变换工艺是指变换服装的结构和制作工艺。结构设计是服装设计中一个非常重要的方面,变动分割线的部位就可能改变服装的风格,而不同的制作工艺也会使服装具有不同的风格。例如,在同样造型的西装上摒弃以前厚重板结的传统工艺,改用轻薄柔滑的新工艺,就会使西装呈现出崭新的面貌(图 7-14)。普通的职业装完全用缉明线的工艺也会使服装风格趋向于休闲化。

图7-12　婚纱色彩的变换设计　　图7-13　针织外套材质的变换设计　　图7-14　传统西装工艺的变换设计

四、联想法

联想法是指以某一个意念为出发点，展开连续想象，截取想象过程中的某一结果为设计所用(图7-15)。联想法主要是为了寻找新的设计题材，使设计思维突破常规，拓宽设计思路。联想之初，必须有个意念的原型，然后由此展开想象，并进行不断的深化。设计要在一连串的联想过程或结果中找到自己最需要又最适合发展成服装样式的东西。联想法是拓展形象思维的好方法，尤其适合在设计前卫服装和创意服装时使用。

图7-15　由寺庙联想而生的造型设计

由于每个人的审美情趣、艺术修养和文化素质不尽相同，因此不同的人从同一原型展开联想设计会有不同的设计结果。就像面对全球爆发的金融危机，有的人联想到的只是满眼灰暗，而有的人则能由当前的灰暗联想到即将到来的复苏，以及不久就会盛行的黄金顶峰,从而对生活对事业充满了希望和激情。设计也正是需要这样的联想展开,才能确保新作品层出不穷。

五、趣味法

在现实生活中,存在着很多让人觉得非常有趣的事物,这些事物往往具有与众不同的值得玩味的趣味性,把它们尝试通过不同的手段运用到符合主题的设计中,通常会有耐人寻味的设计点出现,从而使得整个设计趣味横生、易趣盎然。

趣味设计主要可从几方面着手:通过夸张使服装具有某种趣味感,如伞形裙子、蘑菇形上衣;把服装上某些具有一定功能的零部件采用某些有趣的形态,如钟表形口袋、眼镜形挎包等;用类似卡通的鲜亮色彩进行配置使其具有活泼可爱的特点;或者把趣味性的图案通过印染、刺绣等工艺运用在服装上(图7-16)。

六、增删法

增删法是指增加或删减现状中必要或不必要的部分,使其复杂化或简单化。增加或删减的东西往往是服装的零部件或无关紧要的装饰。增删法一般适用于实用装设计,对原有的实用服装做局部调整。

增删法主要用在内部结构的调整,从形式上看,某些设计的确是在做增删工作,但是增删是有一定依据的。在服装领域,增删的依据是流行时尚,在追求繁华的年代做的是增加设计(图7-17),在崇尚简洁的年代做的则为删减设计(图7-18)。增删的部位、内容和程度是根据设计者对时尚的理解和各自的偏爱而定。

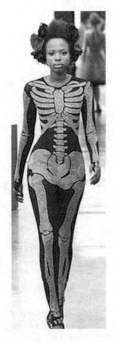

图7-16 以骨骼为灵感的趣味设计

图7-17 在简洁的表面增加了线的造型

图7-18 服装表面上摒弃了一切装饰元素

七、调研法

调研法是通过收集反馈信息来改进设计的一种设计方法。在服装设计中,特别是在批量生产、上市销售的实用服装的设计中,要使设计符合流行趋势,产品畅销,进行市场调研是必不可少的一个环节。调研的目的是为了取长补短,取其精华,去其糟粕,在市场中发现设计中使产品畅销的元素,力求在以后的设计中继续运用或进一步改进,同时找出不受欢迎的设计元素,在下一个产品中去除。在调研法里有三个分支。

1. 优点列记法

优点列记法是罗列现状中存在的优点和长处,继续保持和发扬光大。任何好的设计都有设计的"闪光点"不宜轻易舍弃,应分析其是否存在再利用价值,将这些优点借鉴运用会产生更好的设计结果。

2. 缺点列记法

缺点列记法是罗列现状中存在的缺点和不足,加以改进和去除。服装产品中存在的缺点将直接影响其销售业绩,只有在以后的设计中改正这些引起产品滞销的缺点,才有可能改变现状。缺点列记法在实践中比优点列记法更为重要。

图 7-19　休闲西装

3. 希望点列记法

希望点列记法是收集各种希望和建议,搜索创新的可能。这一方法是对现状的否定,听取对设计最有发言权的多个渠道的意见,意在创新设计。

八、转移法

转移法是根据用途将原有事物转化到另外的范围使用,寻找解决问题的新的可能性,研究其在别的领域是否可行,可否使用替代品等的一种设计方法。有些问题难以在本领域很好解决,而将这些问题转移到别的领域以后,由于事物的性质发生了变化,容易引起思维的突变性变化,从而产生新的结果。

转移法在服装中的主要表现是将不同风格的服装互相碰撞,从而产生出新服装品种。转移法既可用在单件服装的设计,又可从宏观方面进行服装新品种的开发,研究服装风格。如将西服转移到休闲装领域,就变成了休闲西装(图 7-19);将运动装转移到家居服中,就会产生运动形式的家居服(图 7-20)。两种相互转换的

图 7-20　运动式家居装

事物之间看谁的分量重则主要属性就倾向于谁,分量轻的一方则处于从属地位。

九、结合法

结合法是把两种不同形态和功能的物体结合起来,从而产生新的复合功能。结合法是从功能角度展开设计的方法,在其他设计领域应用也很广泛。例如,将笔与时钟结合起来,成为计时笔;将录音机与照相机结合起来,成为摄像机等。功能上的结合要合理自然,切忌异想天开、生拉硬扯,事实上,功能或造型相差太远的东西是无法结合在一起的。

结合法在服装中往往是将两种不同功能的零部件结合起来,新的造型兼具两种功能。例如,将领子与围巾结合,成为围巾领(图 7-21);将口袋与腰带结合,成为时髦的腰包等(图7-22);也可以将服装的整体结合起来,形成新的款式。如上装与下装结合,形成连衣裙;袜子与裤子结合成连裤袜。结合法一般适用于实用服装设计。

图 7-21　领子与围巾结合的围巾领

图 7-22　口袋与腰带结合的腰包

十、追寻法

追寻法是以一个事物为基础,追踪寻找所有相关事物进行筛选整理。当一个新的造型设计出来后,设计思维不该就此停止,而是应该顺着原来的设计思路继续下去,把相关的造型尽可能多地开发出来,然后从中选择一个最佳方案。追寻法由于设计思维没有停止而使得后面的造型不至于过早夭折。系列化设计中经常使用追寻法(图 7-23)。

追寻法很适合大量而快速的设计,设计思路一旦打开,人的思维会变得非常活跃、快捷,脑海中会在短时间内闪现出无数种设计方案,追寻法可以迅速地捕捉住这些设计方案,从而衍生出一系列相关设计。经常用追寻法进行设计,久而久之,设计的熟练程度会迅速提高,对应付大量的设计任务易如反掌。

图 7-23　以追寻法进行的系列装设计

十一、整体法

整体法是由整体展开逐步推进到局部的一种设计方法。在服装设计中,先根据风格确定服装的整体轮廓,包括服装的款式、色彩、面料等,然后在此基础上再确定服装的内部结构,内部的东西与整体要相互关联,相互协调。这种方法比较容易从整体上控制设计结果,使得设计具有全局观念强、局部特点鲜明的效果。整体法适用于前卫服装或实用服装的设计。

在服装设计中,设计者由于某种灵感的启发而在构思过程中形成了整体造型的轮廓,此时,领子、袖子、口袋等局部造型要与整体造型相协调,避免出现与整体造型相矛盾的局造型,否则由造型产生的形态感难以统一,造成风格上的混乱。例如,一件方领的职业女装,其内部结构中也应采用方形口袋及方形下摆等,如采用圆形细节则会显得过于随便而缺乏严谨感(图 7-24)。

十二、局部法

与整体法相反,局部法是以局部为出发点,进而扩张到整体的一种设计方法。这种方法比较容易把握服装局部的设计效果。

图 7-24　口袋、衣摆、裙摆都完全统一的整体造型

服装设计师往往很容易被一些精致的小玩意所吸引,这些小玩意经过一番改动便会变成服装上精致的局部造型(图7-25)。有时设计师会对资料中的某一个局部爱不释手,并由此产生新的设计灵感,于是会把一部分运用到新设计中去,并寻找与之相配的整体造型。但如果不相配就会形成视觉上的混乱。

十三、限定法

限定法是指在事物的某些要素被限定的情况下进行设计的一种方法。严格地讲,任何设计都有不同程度的限定,如成衣价格的限定,用途功能的限定,规格尺寸的限定等。这里所说的限定,是指设计要素的限定。限定法在实用服装的设计中用的比较多。

从设计构成要素的角度讲,限定条件可以分为六个方面:造型限定、色彩限定(图7-26)、面料限定、辅料限定、结构限定、工艺限定。有时在设计时只有单项限定,但有时会在设计要求中对上面六个方面进行多项限定,设计的自由程度受限定方面的影响,限定方面越多,设计越不自由,但也越能检验设计师的设计能力。如限定条件"蓝色、全毛面料"就比"X型、蓝色、全毛面料、装饰结构线"简单的多。

十四、移用法

移用法是通过对已有造型进行有选择的吸收融汇和巧挪妙借形成新的设计的一种方法。移用体可以是服装本身,也可以是其他造型物体中具体的形、色、质及其组合形式。采用移用法进行设计极易引出别出心裁、富有创意的设计。移用包括直接移用和间接移用两种形式。

1. 直接移用

客观存在中各种各样大大小小的造型样式,其实各有其可取之处,将这些可取之处直接移用到新的设计中可能会轻而易举地取得巧妙生动的设计效果。在服装设计中,设计精巧的服装本身、包袋、鞋帽、装饰品以及设计中某种局部造型的色、形、质或者某种工艺手法和造型手法等都

图7-25 腰部细节的点缀成为整体造型的精华

图7-26 色彩在红白限定下的造型设计

可以直接移用到新的设计中去。直接移用一定要灵活,切忌生搬硬套,移用体与新设计风格要相互协调,避免给人视觉上和感觉上的混乱感。例如,将中式上装的盘扣移用到裤脚或袖口上(图7-27);将明朝官服上的补子移用到民族风格服装的设计中作为图案等。

2. 间接移用

　　不同类别的设计造型有时是很难将其直接移用的,这时就需要在借鉴移用时有所取舍,或者借鉴其造型而改变其色彩材质,或者借鉴其材质而改变其造型,或者借鉴其工艺手法而改变其色、形、质等。在服装设计中,由于服装是直接与人体相结合,所以在考虑服装设计时要考虑到人体的适用性。间接移用并不单纯是对移用体表面形式的直接使用,而是加入人的情感与观念因素,对已有的各种物体或设计进行有选择、有变化的重组。例如,移用花篮的造型,将其肌理效果换为面料的肌理效果,就变成了某种造型新颖的创意服装(图7-28);将针织服装的针法用在机织面料服装或饰品的变化设计中等。

图7-27　中式上装的盘扣移植到袖口上的造型设计　　　　图7-28　移用花篮的造型的礼服设计

十五、派生法

　　派生是我们耳熟能详的一个词汇,派生的本意是在造词法中通过改变词根或添加不同的词缀以增加词汇量的构词方法。派生法的特点是要有可供参考进行变化的原型。派生可分为三种形式:廓型与细节同时变化;廓型不变,变化细节;细节不变,改变外形。

　　在服装设计中,派生法的运用是在某一件参考原型的基础上进行轮廓、细节等的渐次演变。笔者在教学中曾安排学生进行相关练习,如在同一的服装廓型中,变换面料材质(图7-29);或变换分割线与装饰图案(图7-30),改变局部造型等。

图 7-29　廓型不变,变换面料材质

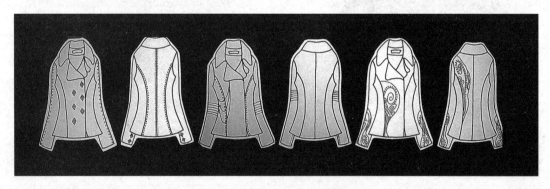

图 7-30　廓型不变,变换分割线与装饰图案

第三节　服装造型设计的造型方法

从中西方服装发展的历史来看,过去的设计师大都依赖平面进行设计与剪裁,直到近现代设计师才逐渐由平面意识转向空间意识,来进行服装的功能与视觉效果的思考和构思。这一设

计方法上的历史性转变首先应该是观念与思维的转变,其次就是在造型方法上的应用,它标志着服装行业中裁缝师到设计师的质的转变与飞跃。由此开始,设计大师纷纷在他们的作品中,充分展示空间想像力和设计才华,为后人提供了十分丰富的设计理论和手法,也给予了我们更多创新的启示和遐想。根据研究内容和表达方式,通常将造型方法分为基本造型方法和专门造型方法。

一、基本造型方法

基本造型方法是指从造型本身规律出发的、广泛适用视觉艺术各专业所需要的造型方法。由于造型基本方法研究的是造型的组合、派生、重整和架构等一般规律,并不单纯为服装设计服务,它具有更多的普遍性和通用性,因此是设计者务必了解和掌握的造型方法。通过这些造型方法,不仅可以为理解造型规律奠定基础,还可以举一反三,创造适合自己的其他造型手段。

基本造型手法中包括许多具体的造型手段,其共同特征是对原有造型进行改造,即以某个原有造型为基本造型进行不同角度的思考。其中虽有殊途同归,但毕竟是视角转换的产物,对于开拓设计思维有着重要意义和作用。

(一) 象形法

象形法是把现实形态中的基本造型做符合设计对象的变化。象形具有模仿的特点,但不是简单地将现实搬到设计中去,而是将某个现实形态最优特征的部位概括出来,进行必要的造型处理。虽然象形法并不排斥将现实形态几乎一成不变地用于某个设计的造型,例如,苹果形电话机(图7-31)、人物形灯具等,但是服装的自身特点往往限制这种做法,将简单的模仿变为巧妙地利用,否则会落入过于直观、道具化、图解化的俗套。

图 7-32　以菱形为基础并置的造型设计

图 7-31　苹果型电话机

(二) 并置法

并置法是将某一个基本造型并列放置,产生新的造型。并置法不相互重叠,因而基本造型仍清晰地保持原有特征(图7-32)。并置法具有集群效果,视觉效果虽不如单一造型那么集中,但其规模效应却大大加强了表现力度。并置法的运用可以灵活多变,既可以平齐并置,也可以错位并置。并置以后,还可以根据设计对象的特点做必要的调整。

(三) 分离法

分离法是指将某一基本造型分割支离,组成新的造型。分离时,对基本造型做切割处理,然后拉开一定的距离,形成分离状态,既可以保留分离的结果组成新的造型,也可以去除某些不必要的部分,化整为零(图7-33)。就服装设计而言,分离后的造型之间必须有某种联系物,例如,用薄纱、布料、饰物等在腰部或肩部切割分离,用透明塑料把切割后的部分连起来。

图 7-33　连身裙右部的分离造型设计　　　　图 7-34　通过造型叠加产生的透叠效果

(四) 叠加法

叠加法是指将基本造型做重叠处理。与并置法不同的是,叠加以后的基本造型会改变单一的原有特征,其形态意义由叠加而得的新造型而定。叠加法的造型效果有投影效果和透叠效果两种。投影效果仅取叠加以后的外轮廓线,清晰明了。投影效果在厚重面料的设计中较为明显,厚重面料叠加,只能看到面积最大的面料造型的轮廓。透叠效果则保留叠加所形成的内外轮廓,层次丰富。透叠法在轻盈薄透的面料设计中效果较为明显,由于面料本身的透明,使得叠加在一起的造型都能被看到,只不过最外层的清晰明了,内层的若隐若现而已,就像雾里看花、水中捞月,在虚虚实实、真真假假中体现一种朦胧美,这也正是有些设计所追求的飘渺灵动的设计效果(图7-34)。

(五) 旋转法

旋转法是将某一造型做一定角度的旋转,取得新造型的一种设计方法。旋转法一般是以基本造型的某一边缘作为圆心进行一次或多次旋转,由于旋转角度的关系,旋转以后的某些部分会出现类似叠加的效果。旋转可分为定点旋转和移点旋转,定点旋转即以某一点做圆心进行多次旋转。移点旋转是在基本造型边缘取多个圆心进行一次旋转或多次旋转(图7-35)。

图7-35　裙装上基本造型的移点旋转　　　　图7-36　以肩部为原点的发射造型设计　　　图7-37　上衣的镂空造型设计

(六) 发射法

发射法是指把基本造型按照发射的特点排列,是一种常见的自然结构。焰火的点燃、太阳的光芒等都成发射状。发射具有很强的方向性,发射中心成为视觉焦点,可以分为由内向外或由外向内的中心点发射、以旋绕方式排列逐渐旋开的螺旋式发射和层层环绕一个焦点的同心式发射三种。在服装设计中,往往把发射造型用于服装造型或局部装饰(图7-36)。

(七) 镂空法

镂空法是指在基本造型上做镂空处理,镂空法一般只对物体的内轮廓产生作用,是一种产生虚拟平面或虚拟立体的造型方法。镂空法可以打破整体造型的沉闷感,具有通灵剔透的感觉(图7-37)。镂空法分绝对镂空和相对镂空:绝对镂空是指把镂空部位挖空,不再作其他处理,也叫单纯镂空;相对镂空是指把镂空部位挖空后再镶入其他东西。

(八) 悬挂法

悬挂法是指在一个基本造型的表面附着其他造型。其特征是被悬挂物游离于或基本游离于基本造型之上,仅用必不可少的材料相联系(图7-38)。虽然在平面上可以悬挂其他平面,但是我们习惯上是把它看做叠加法里的内容。悬挂法是特指立体感很强的造型而言。例如,在平面上挂一个球体,造型就有了根本的变化。

(九) 肌理法

肌理是指物体材料的表面特征及质地。通常用黏贴、卷曲、揉搓、压印等方法,制造出材料表面具有一定空间凹凸起伏效果的方法(图7-39)。服装设计中的肌理效果,是由缉缝、抽褶、雕绣、镂空、植加其他材料装饰等对面料进行再创造来表现的,面料本身的肌理除外。服装肌理表现形式有多种多样,表现风格各有特色,运用好肌理效果,可增加服装的审美情趣。很多设计大师的设计作品就是以面料的肌理效果作为设计特色。

(十) 变向法

变向法是指改变某一造型放置的位置或方向从而产生新的造型。比如,外套本来是在上身进行着用的,可却穿用到了下身就是变向法的运用(图7-40)。变向法应用在具体设计中,并不是简单地将方向或位置改变一下而已,而是将改变方向后的相应部位做合适的处理,使其仍保留服装的基本特征。将外套穿用到了下身上,并不意味着还要追究衣袖、衣摆等的功能性,仅仅只是表现一种形式上的创新而已。作为一种造型方法,使用变向法的根本目的就是创造全新的造型。

图7-38 装饰丝带均悬挂游离于裙装表面

图7-39 肩部及门襟处采用了不同的肌理造型

图7-40 外套由常规的上装位置转移成为裙装造型

二、专门造型方法

相对于基本造型方法来说,专门造型方法指专门根据服装的特点而创造造型的方法。服装的适体性、柔软性、悬垂性等造型特点是许多其他设计门类所没有的,因此在基本造型方法的基础上,掌握服装的专门造型方法是必要的。这里所说的专门造型方法其实是专门针对柔软的服装材料来探讨的,因此也可以说是软造型的造型方法。绝大部分服装是由柔软的纺织类或非纺织类材料制成的。这里我们介绍几种主要的服装造型方法。

(一) 系扎法

系扎法是指在面料的一定部位用系扎方式改变原造型。系扎材料一般为线状材料,如丝绒、缎带、花边等。这种方式很适合用来改变服装的平面感,系扎点比较随意多变。可以选择的系扎效果有两种,一面是正面系扎效果,其特点是系扎点突出,立体感强,适用于前卫服装;二是反面系扎效果,其特点是系扎点隐含,含蓄优美,适用于实用服装。

具体的系扎方式有两种,一种是点状系扎,即将局部面料拎起一点再作系扎,增加服装的局部变化(图7-41)。另一种是周身系扎,即对服装整体进行系扎,改变服装的整体造型,为了结构的准确,通常先系扎出一定的效果再正式裁剪。

(二)剪切法

剪切法是指对服装做剪裁处理,即按照设计意图将服装剪出口子,剪切并非剪断,否则变成了分离,剪切既可以在服装的下摆、袖口处进行,也可以在衣身、裙体等整体部位下刀(图7-42)。长距离纵向剪切,服装会更飘逸修长,在中心部位短距离剪切,则产生通气透亮之感,若做长距离横向剪切,则易产生垂荡下坠之感。

剪切仅是一种造型方法,如果直接对服装进行剪切,务必注意有纺材料与无纺材料的区别,以避免纺织材料的脱散。

图7-41 以腰部为系扎点的造型设计

(三)撑垫法

撑垫法是指在服装的内部用硬质材料做支撑来达到目的。例如,传统的婚礼服或男西装的翘肩造型等。一件普通造型的服装经过撑垫以后可以完全改变面貌,但是如果处理不当,则会使服装呆板生硬或者繁琐笨重。因此撑垫材料应尽可能选择质料轻、弹性好的材料。

相对来说,撑垫法更适合前卫服装的设计,尤其适合超大体积的道具性服装(图7-43)。

图7-42 门襟及侧缝处的剪切造型

图7-43 肩部处的撑垫造型设计

（四）折叠法

折叠法是指将面料进行折叠处理,面料经过折叠以后可以产生折痕,也称褶(图7-44)。通常的褶有活褶和死褶之分,活褶的立体感强,死褶则稳定性好。褶也有明褶和暗褶之分,明褶表现为各式褶裥,暗褶则多表现为向内的省道。

折叠量的大小决定折叠的效果,褶痕可分为规则褶痕和自由褶痕。与衣纹相比较,褶痕是因为人为因素而产生的,而衣纹则是由穿着而自然产生的。折叠法也是改变服装平面感的常用手法之一。

（五）归拔法

归拔法是指用熨烫原理改变服装原有造型。归拔是利用纤维材料受热后产生收缩或伸张的特性,使平面材料具有曲面效果。归拔法借助工艺手段,使得服装造型更贴近人的体型,效果柔顺而精致,含蓄而滋润,绝非其他造型方法能替代,是高档服装必不可少的造型方法之一(图7-45)。归拔法多用于贴身形实用衣服。

（六）抽纱法

抽杀法是将织物的经纱或纬纱抽出而改变造型的手法。这种方法有两种表现形式,一是在织物中央抽去经纱或纬纱,必要时再用手针锁边口,类似我国民间传统的雕绣(图7-46)。纱线

图7-44　裙装的折叠造型

抽去以后,织物外观呈半透明。二是在织物边缘抽去经纱或纬纱,出现毛边的感觉,毛边还可以编成细瓣状或麦穗状,达到改变原来造型的目的。前者的造型作用不明显,更适合做局部装饰用,后者可改变原有外轮廓,虚实相间。类似的手工和针绣对造型设计也有异曲同工之妙。

图7-45　运用归拔法加工制作的高档西服

图7-46　我国的传统雕绣

（七）包缠法

包缠法是指用面料进行包裹缠绕处理（图7-47）。包缠既可以在原有服装表面进行，也可以在人体表面展开。无论哪种包缠方式，都要将包缠的最终结果进行某种形式的固定，否则包缠结果会飘忽松散。我国少数民族如彝族、壮族等的头饰多使用包缠法。包缠效果既可以光滑平整，也可以褶皱起伏。

图7-47　包缠法创意下的造型设计　　　　　　　　　　　　图7-48　立体裁剪款式

（八）立裁法

立体裁剪是指在模特上用材料直接裁剪（图7-48）。立体裁剪法是很常用的专门造型方法之一，尤其适合解决平面裁剪难以解决的问题。在立体裁剪过程中，会顺水推舟地出现设计妙想，产生意想不到的艺术效果。许多世界著名的设计大师都很喜欢用这种边裁剪边设计的方法处理服装结构问题。

与基本造型方法一样，一件服装设计并不限于用一种专门造型方法，应该是融会贯通，相互穿插。基本造型方法与专门造型方法相互补充，各有所长，设计者可以各取所需，综合利用。

本章小结

  服装造型设计首要的是依靠设计师的思维而不是技巧,当今服装设计师们都十分注重创作的思维方法,没有思维方法作为创作的指导,就设计不出具有创意的服装作品,只会继承或沿袭。服装造型设计是永无止境的,设计师必须不断充实和更新专业知识,丰富和积累艺术底蕴,才能以多元的思维方法激发层出不穷的设计灵感。因此,思维方法的丰富与活跃是现代服装设计师必备的专业基本功。通过这样一个系统完整的服装造型设计方法的学习,设计师能够形成正确的设计理念和体系化的设计方法步骤。体系化的设计方法也为着眼于服装造型的设计方法开阔了视野、拓展了设计角度。

思考与练习

  1. 简述服装造型设计方法的作用与意义。

  2. 服装造型设计中思维方法与造型方法是否存在绝对联系。

  3. 服装造型设计中设计的方法是否有规律可循。

  4. 运用无理设计思维进行服装造型设计,设计系列服装 5~8 款。

第八章

服装造型设计的创新

在一切领域中，人们若想对自己的工作有所突破、有所飞跃、有所进步，都离不开创新。可以说，人类的创造活动都起始于创新，借助于创新项目，体现于创新成果。因此，创新思维是一切创造活动的起始点，同样也是我们服装设计师作品赖以成功的决定因素。创造思维以其灵活、多样、新奇为特征，它要求设计师多角度、多侧面地去看待生活中平常的事物。架构一个服装创新体系是一项非常庞大的系统工程，仅仅将某一样服装产品做得另类古怪，这绝不是真正意义上的创新了。要实现服装创新首先是要具备一个好的创新大环境，并且辅助于高效的政策支持机制和高技术的基础设施，以及各产业之间相互顺畅的产业链条。所以，我们对"服装创新"一词的理解不能过于狭隘，把设计重心都放在物质性的具体事物上，而忽略了在精神领域的更为重要的创造性活动。服装创新的营造是一个理念的转变、价值的更替、技术的革新等，同时并进、相辅相成的完整系统工程。

第一节　服装造型设计的创新原则

创新的概念最早是由经济学家熊彼特提出的。他在《经济发展理论》一书中指出，现代经济的发展植根于创新。从内涵上看，所谓创新就是"建立一种新的生产函数"，也就是实现生产要素的一种从未有过的"新组合"。纵观现代服装设计，人们的需求不断地变换，必须不断推出有着时尚视觉形象之感的衣装样式，来适合人们的衣着审美及文化内涵的期望需求。创新元素是设计师自己的一种思维和意境的独有表达，因为其所表现出的前所未有的品质而具备了创新的意义。设计师应善于从大千世界中获取自然、真实的生活素材，运用联想思维和形式美的法则，根据自己的审美理想需要，进行概括、提炼、归纳和组合，从中吸取创作营养，并巧妙融合到自己的服装设计中去，从而设计出真正意义上的优秀的、崭新的的服装作品。

一、以人为本的坚持

人性化是近年来设计界全面倡导的创作主题。它将超越我们过去对人与物关系的认识局限，具有更加全面和立体的思索内涵，沿着时间和空间轨迹向生理和心理感官方向发展，同时，通过虚拟现实、互联网络等多种数字化的形式而进行广阔的延伸。人性化设计要求设计师用"心"来进行设计，使服装具备调整消费者的处世心态，提高消费者的生活情趣，满足消费者的心理享受，让服装从根本意义上成为人类的生活必需品。

二、绿色环保的提倡

绿色环保设计起源于设计师的一种道德良知感和社会责任心的回归，体现了人们对于现代科学飞速发展，所引起的对环境及生态破坏的一种深刻反思。绿色环保设计是以提倡节约自然资源和保护环境为主要宗旨的一项理念和方法，呼吁社会关爱我们的生活环境，并为我们的子孙后代创建一个可持续的美好家园。绿色设计的表现形式主要有三种风格：简约主义、环保主义和自然主义。在创作和设计的手法上主要体现在对一些新素材的开发和尝试上。

三、传统文化的秉承

服装在人类漫长的形成岁月中，经历了各个时期的发展及变化，服装的造型表现也随着人们各时期的审美情趣等因素的变化而发生着差异。服装作为人们意识形态的物化体现，必定反映了时代的文化特征，承袭着传统的审美习俗。例如，从欧洲服装的发展史中，我们清楚地看到，西方服装自古以来便有突出性别、展现形体美的风格特征，这与我们东方文明中内敛、含蓄的着装有着很大的区别和差异（图8-1）。

图8-1　古希腊人的希玛申着装

四、姊妹艺术的启迪

　　与建筑、文学、音乐、绘画和雕塑一样,服装也是一种产生于特定文化条件下的艺术形式,它反映了创造它的社会的需要和灵感。近150多年的服饰时尚反映了新古典主义、浪漫主义、抽象主义等不同的艺术思潮形态。纵观灿烂的服饰历史,现代绘画大师马蒂斯、毕加索、蒙德里安、达利等人的绘画意念与手法,都曾被许多服装设计师淋漓尽致地表现在服装设计之中。法国"时装王子"伊夫·圣·洛朗当年以荷兰画家梵高的《鸢尾花》作为创作素材的作品,以绘画作为服饰图案,加之廓型上极致简朴现代的造型线,整个设计散发着浓郁的艺术韵味和丰厚的文化底蕴,被世人追认为世纪精品(图8-2,图8-3)。

图8-2　梵高的《鸢尾花》作品

图8-3　圣·洛朗取材于《鸢尾花》的设计作品

五、创新能力的增强

　　设计师通过对美极具敏感的反映听觉和视觉,把对现实世界丰富多彩的印象植入心灵,从而在平常人司空见惯的事物中发现美、感受美,并通过艺术的语言进行表达和抒发。因此只有那些对美具有敏锐的发现和感知能力的设计师,才能具备创造出优秀设计作品的基本条件。对于一名设计师而言,想象就是最杰出的艺术创作能力。但想象不能是凭空的,也不能是割断历史的,想象必须依托于丰富的人生经历,来源于艺术的深厚情感,并且植根于生活的浓厚兴趣之中。

六、艺术品味的提高

　　在服装设计中的直觉对设计师而言起着积极的作用。接受外界资讯,用信息来催生设计直觉,从而形成心灵中的精神境界,是每个设计师作品创造的前序过程。由于每个人对外界信息领悟上的差异,导致心灵中的精神境界也就各具千秋,从而创作出的作品在意境上也就迥然不同。所以,设计师就要加强平日里艺术和文化的修养积淀,使自己的艺术品味和艺术境界努力达到一个较高的水平,才能保证作品中情与景的完美交融,使服装焕发出生命的意义,传递着设计师与欣赏者之间真切的情感交流。

七、时代潮流的追随

时装是极具流行性和时间性的一种特殊产品。它们时常会被淘汰更新,也会时常受到社会、科技和新艺术思潮的影响,从而更具个性与时代的特质感,形成别具一格的艺术风采。因此,意境独特的设计不是设计师闭门造车的奇思异想,而是应该一刻不停地追随时代的潮流,或以突出现代艺术及科技的脱俗造型,或以标榜昔日辉煌的回归形象等诸如此类的方式,表现人们在新时代的情感,才能够创作出与时俱进、得到世人认可的优秀作品。

八、表现手法的丰富

在服装设计中,以神求形、虚实相间的表现可以说是设计师最重要的一种表现方法了。服装设计中的"神"是一种虚幻的、抽象的事物,它泛指将设计师的情感融入到服装作品中,所表现出来的一种神采和神韵;而"形"则是一种真实的、具象的事物,它泛指设计师创作出来的具体物象,即消费者服装着装的整体状态。在构思设计服装的过程中,设计师无论是对于具体的还是抽象的事物表现,都要根据服装的主题情境和服用主体的需求,选择吻合的造型、结构、色彩,去积极地进行塑造和表现,并且起着对消费者时尚追求的引导作用。

第二节　服装造型设计的创新思维方法

通常而言,创新思维是一种新奇独特的创造性意识,是想出新方法、建立新理论、做出新成绩、形成新事物的一种前所未有、超越束缚、突破传统的思维模式。创新设计绝不仅仅只是简单地对产品的某个局部进行调整、对产品的某个表面添加装饰,而是要尽力抽取事物的本质,挖掘产品设计背后的深层内涵,这样才能够拓宽创新的思路,取得设计上的飞跃。将突破与创新为代表的这种创新思维应用于服装设计之中,可以使设计者发挥更加独特的创造力和想象力,以一种现代的时尚语言与深厚的文化积淀赋予作品情感化、个性化的融合和交织,使作品更加富有艺术魅力和适应社会日新月异的变化发展。

一、头脑风暴法

头脑风暴法是指一种强调集体思考的方法,由美国奥斯朋于 1937 年提出的。此法着重激发设计团队中各成员的创意灵感,鼓励每一个参加者在指定时间内,构想出大量的创作方案,并从中引发筛选出新颖的构思,使大家发挥最大的想象力。

二、三三两两讨论法

三三两两讨论法是指在设计团队中将每两人或三人自由成组,在三分钟限定的时间内,就讨论的设计主题,互相交流设计上的意见,分享创作上的收获。时间结束后,再回到团体中一一作汇报,从而对设计水准的提高起着实质性的促进作用。

三、六六讨论法

六六讨论法是指以头脑风暴法作为基础的另一种团体式讨论方法。此法主要为将大团体中的六人分为一组,每小组只进行六分钟的讨论,每人一分钟。小组讨论结束后再回到大团体中,重新交流沟通彼此的意见,并且作出最终的评估。

四、心智图法

心智图法是指在设计中以帮助刺激思维及整合思想与信息的一种思考方法。此法主要采用图志式的概念,以线条、图形、符号、颜色、文字、数字等各种方式,将意念和信息快速地记录下来,成为一幅心智图,以此发挥大脑思考的多元化功能。

五、曼陀罗法

曼陀罗法是指激发扩散性思维的一种设计思考策略和方法。此法主要利用一幅九宫格图,将主题写在中央,然后把由主题所引发出的各种想法或联想,写在其余的八个圈内,加强设计人员从多方面进行思考,从而迸发出最佳的创作方案。

六、逆向思考法

逆向思考法是指可获得创造性构想的一种思考方法。此法主要打破人们的常规思维模式,从事物的逆反方向进行切入的设计方法,是人类思维过程中进行辩证否定的一种基本方式。在构思的过程中,此法的使用可加倍提高设计的创造性。

七、分合法

分合法是指一套团体问题解决的方法,是由戈登于1961年提出的。此法主要是将原本不相同亦无关联的元素重新加以整合,使之产生新的意念及面貌。利用模拟与隐喻的作用,帮助设计者分析问题,从而推断出各种新的不同的观点。

八、属性列举法

属性列举法是由美国克劳福德教授于1954年提出的一种著名的创新思维策略。此法强调设计者在创意的过程中,通过观察和分析事物或问题的特性或属性,然后针对每项特性提出创新的改良或构想。

九、希望点列举法

希望点列举法是指对某种实际上尚未存在的事物或产品,列出希望具有的功能,并通过功能的实现而获得发明成果的一种创新技法。此法通过不断提出"希望"以及"怎样才能更好"诸如此类的愿望,进而探求解决问题和改善对策的技法。

十、优点列举法

优点列举法是指通过设计人员逐一列举事物优点的方法,进而寻找出解决问题和改善对策的一种创新技法。此法要求根据罗列出的各项优点,来进一步考虑如何让优点扩大,从而获取设计上实质性的提高。

十一、缺点列举法

缺点列举法是指不断的针对一项事物,检讨此事物的各项缺点及不足之处,并进而探求出解决问题和改善对策的一种创新技法。此法要求根据罗列出的各项缺点,来进一步考虑如何让缺点消失,从而获取设计上实质性的提高。

十二、检核表法

检核表法是指在考虑某一个问题时,先制作出一张一览表,对每项检核方向逐一进行检查,以避免过程上有所缺漏。此法可以用来加强设计人员思考程序上的周密性,并且有助于构想出新的创作意念。

十三、5W2H 检讨法

5W2H 检讨法是指提示设计人员从不同的层面去思考和解决问题的一种创新技法。所谓5W,是指为何(Why)、何事(What)、何人(Who)、何时(When)、何地(Where);2H 指如何(How)、何价(How much)。

十四、目录法

目录法是指设计人员在考虑和解决某一个问题时,一边查阅相关资料性的目录,一边强迫性地把眼前出现的信息和正在思考的主题联系起来,从中得到创新构想的一种方法。

十五、创意解难法

创意解难法是由美国学者帕纳斯提出的一种创新教学模式,它源自于奥斯朋所倡导的头脑风暴法及其他的一些思考策略。此方法主要的重点在于设计人员解决问题的过程中,采用有系统有步骤的方法,查找出解决问题的根结和方案。

第三节　服装造型设计的创新设计方法

随着社会生活水平的不断提升,人们的价值与消费观念以及生活方式也都随之发生着日新月异的变化。求新、求异、唯美成为了当今人们时尚的一种追求,因而有人寓言21世纪将称为一个设计的世纪。西方哲学家认为创意是人类创造性认识活动中最奇妙、最有趣、最夸张的一种活动,同时也是科学家、艺术家所毕生追求的辉煌目标。服装创意主观上是设计师阐述个人思想,抒发个人情感与情趣的一种表现,客观上则是提高消费者审美意识,倡导时尚流行,使服装设计发展达到更高的艺术境界的一种追求。服装创意是一个复杂的过程,是创意思维模式和创意手段选择的综合过程,是创意素材资料的搜集和创意表现手法运用的并举过程。总之,服装设计的水准唯有通过创意来引领时代的潮流,获取社会及消费者的认可和接受。

一、仿生设计

在现代服装设计中,回归自然和生态的设计已然成为当前国际上的一种最新设计思潮。采用仿生设计的服装作品,大都蕴涵着设计者的某种创作意念、理想和情趣。仿生设计是鉴于对生物系统进行研究的基础之上,借助一个具体的参照物,包括造型、色彩、图案、质感等因素,以准确、直观、真实的表现手段,创造性的模仿自然界生态表象的一种设计方法。自然界一切美好事物都是服装设计师借鉴和学习的对象,大自然给我们提供了取之不尽、用之不竭的创作素材。纵观历史的发展史,我们不难发现人类模仿生物进行服装构思由来已久,从西方18世纪的燕尾服到中国唐代舞女穿着的霓裳羽衣,无不记载着仿生设计在世界各地范围内的普遍运用。例如从服装的各款衣袖来看,近年来风行的蝙蝠袖,其袖窿与腰身相连,袖体肥大袖口紧收,当伸展双臂时,衣服形似蝙蝠形状,异常的潇洒和飘逸(图8-4);而荷叶袖则来自于对荷叶外形的模仿,层层叠叠,蜿蜒曲折,显露出无尽的温婉和柔美;又如从服装的各款领型来看,无论是燕子领、丝瓜领,还是香蕉领、荷叶花边领等,均是通过设计师对生物与植物形态的模拟,进而发挥丰富的想象力而设计创作出来的。

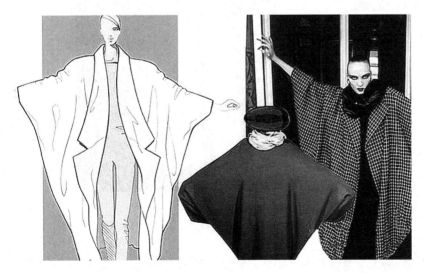

图8-4　仿生蝙蝠的服装造型设计

二、移用设计

在艺术创作领域中,各种艺术均有其各自的特点,但同时,各种艺术又通过之间的共同点彼此相互联系和影响。移用设计就是应用了正向与逆向、多向与侧向的思维形式,在模仿基础上建立起"移植"的一种设计方法。服装设计创作的灵感可以从东西方绘画、雕塑、建筑、文学、音乐等其他一切相关领域中寻找。把从其他艺术领域得到的设计灵感的诱发和启示进行移用,把姐妹艺术的某些因素进行转换,是许多服装设计大师驾轻就熟的创作表现。许多设计师热衷于将杰出的作品进行解构重组,将经典的地方加以改进并予以重新诠释,这种手法很大程度上也是借助了原作的力量。例如,法国高级女装设计师伊夫·圣·洛朗设计的20世纪70年代风行的筒形套装,就是把荷兰画家蒙德里安的抽象绘画作品移用到了服装设计中(图8-5)。这种采用服装独特的设计语言,把其他艺术形式进行品质转化的手法都是在借鉴与移用中产生的,是对民族习俗、国家文化、远古与现代、东方与西方及时尚与传统的移用与继承。

图8-5 圣·洛朗设计的蒙德里安筒形套装

三、派生设计

派生设计是将点、线、面等造型因素进行繁殖衍生的一种构成方法。它充分应用了形象思维中的"分化法"原理。系列法的设计多采用派生手法,即以一件服装作为基本款型,运用同一设计要素或同一设计风格,对服装的造型、色彩与面料进行综合重组,采用重复变化的手法派生出多组系列服装的设计。在设计系列服装时,一定要把握款式与风格上的统一协调、色彩与色调上的和谐呼应,还可利用多种装饰手法,使之与服饰配件进行统一整合形成一个有机的整体,形成观赏者视觉与心理上的震撼力。如金陵科技学院2009级施界卉同学的毕业设计作品中,设计者由少数民族的银器而激发创作灵感,采用粗犷饰品与柔性薄纱搭配,使作品既具有民族风情又不失现代气息(图8-6)。国外设计大师也常采用此类设计手法,例如,圣·洛朗的中国文化系列服装设计,帕克·拉邦纳的"古城堡式"系列套装,以及范思哲的彩条系列设计等。系列服装均带有每位设计大师浓郁而独特的设计风格,通过多款的延伸给观赏者带来无穷的艺术回味。

图 8-6　金陵科技学院 2009 级施界卉同学作品

四、想象设计

　　服装的创意需要想象,没有想象就不会创造出丰富多彩的服装,也无法塑造出人们理想的着装形象。服装设计需要来自对自然界一切美好事物的想象,以此激发设计师的创作灵感。例如,由火山喷发创作出了爆炸系列的流行色,由航天技术创作出了宇宙系列的太空服,这些都是受到了想象思维的影响。想象是一个不受时空限制、自由度极大、赋予激情与情感的思维方式。培养学生丰富的想象力与平时素材积累有着紧密的联系。法国服装大师伊夫·圣·洛朗曾说:"生活中处处都有美,关键在于是否能够发现美。"想象设计是一个想象的丰富性、主动性、生动性与独创性综合反映的过程,是设计师创造思维能力的主要表现。丰富的情感是想象的灵魂,无穷的激情是想象的生命,许多中外服装大师正是利用想象创作出无数服装精典作品。

五、异形同构设计

　　异形是指两个以上不同的造型形成相对立的因素,例如,形状上有大小、长短、方圆等;状态上有曲直、凸凹、光糙等;色彩上有黑白、明暗、冷暖等。由于同种面料与风格常常给人带来视觉上的单一感,缺乏新意和个性,而利用异形同构设计则可以产生丰富变化的最佳效果,形成一种颠倒错位的对比变化,从而在视觉上形成明朗、强烈、清晰的影响力。例如,运用不同的面料与肌理效果,将坚硬与柔软、粗糙与光滑这些对比因素进行任意搭配,尽管总体设计风格不变,但整体面貌却焕然一新。这种对比强烈的变化,既可以克服人在视觉上的麻木,服装上的呆板,使服装具有强烈个性,取得意想不到的艺术效果。

六、主题构思设计

主题构思设计主要运用横向与纵向思维进行创作。主题是主题构思设计中的灵魂与核心。主题来自于生活中一切美好的事物,是由具象与抽象素材构成的,通过服装中造型和色彩等具体要素特征再现的一种整体感觉。主题构思设计一般来自两种形式:一是意向型思维,二是偶发性思维。意向型思维是指有明确意图趋向的设计,如人文艺术、民族文化、环境保护、自然风光等设计主题,根据主题的景观或事物的表象来构思服装的造型与色彩。近年来国内的多项服装设计大赛就属于这种形式,参赛者根据主题的不同要求,从各个角度来诠释设计命题。而偶发性思维则是指受某一事物的启发,作品带有更多的偶发性色彩和更多的个体化设计倾向。例如,享有"奇幻巫女"之称的安娜·苏就是一位擅长从各种艺术形态中寻求不同主题的设计师,从斯堪的纳维亚的装饰品,到高中预科生的校服都成为她偶发性设计的素材,作品带有强烈而独特的迷幻效果(图8-7)。

图8-7 安娜·苏2010作品

第四节 服装造型设计的创新案例

服装造型的创新是服装设计的关键,而服装造型设计又受到人的传统观念与思维方式的制约。怎样在满足人体舒适性的前提下进行服装造型设计? 设计师的创造性思维方法恰到好处的运用是造型设计的首要条件。灵感来自思维的活跃,需要思维来美化。思维是设计的灯塔、是设计的导航,也是设计的催化剂。因此各种创造性思维的合理运用,能对设计师在进行服装造型设计的过程中起到"柳暗花明又一村"的作用,也是一个服装设计师取得成功的关键所在。下面收集了一些大师们的经典佳作,从造型创新的角度进行分析和学习。

一、整体案例分析

(一)巴伦夏加作品(图8-8,图8-9)

造型特征:西班牙设计大师巴伦夏加的这款作品,整体上带有非常浓厚的1950年的年代特征。细腰丰臀的X造型,粉嫩且柔美的淑女色彩,塔夫绸面料的重重包裹和堆砌,表现和抒发的是一种对逝去时光的怀旧与思念。浅淡的色调、婉转的线条、轻柔的材质,唤起观赏者对历史的回忆。在现代文明逐步发展的岁月中,重视民族传统,讲求装饰意趣,不断从历史和民族服装中去继承和发扬,是大师通过作品传递出的对后人的希望。透过作品,人们可以享受一种在都市的喧嚣中充满幻想和安宁的心灵空间。

图 8-8　巴伦夏加作品效果图

图 8-9　巴伦夏加作品

（二）川久保玲作品（图 8-10）

造型特征：日本设计大师川久保玲的这款作品，在造型的构思上及制作上极具丰富的想象和大胆的勇气。通过看似随性却实质颠覆性的造型设计，挑战着长期以来对女性设计中美的探讨。作品的材质和色彩都无太多的异常和神奇，但是却利用对上身及下身的合体包缠，突出在臀部所进行的夸张造型，格子面料由于隆起的撑垫而形成流动感，在平缓的整体中赋予了服装运动的旋律，使作品又具有着些许欧普的风格。沉静平凡的蓝白色调下，涌动着设计师对女性优美形体塑造的极大兴趣和追求，表现着从全新领域尝试创作的一种造型手段。

（三）山本耀司作品（图 8-11）

造型特征：日本设计大师山本耀司的这款作品，是将西欧传统服饰回归现代民众视野的一种表现。依旧沿袭大师简洁概念化的创作手法，整体造型单一纯净，毫无冗杂的细节。只是通过服装后身的造型延伸，极大限度地加强了三维上的立体视觉，突出了女性颈部的优美线条。柔和雅致的复古色彩，营造出女性的温婉和典雅，质朴光挺的粗厚面料，彰显出着装的威严和气度。作品在继承西欧传统服饰的过程中并非是简单的复制，而是融合了大师许多对

图 8-10　川久保玲作品

创作上的新思索和新追求。廓型上的放松在增强着装舒适性的同时，依旧展现出了女性形体上的优美和娇艳。

图 8-11　山本耀司作品　　　　　　　　　图 8-12　Sebastian Y Marialuisa（墨西哥）作品

二、局部案例分析

（一）领部造型（图 8-12）

这款出自墨西哥设计师的婚纱礼服带着强烈的南美气息扑面而来。设计师在整个衣身的处理上并没有太多的异常，但是形似领状结构的两个造型物，却吸引了我们所有的视线。这两个上大下小的不规则物呈垂直状夹放于模特的两耳边，设计师在上面进行了格子的通透处理，所以虽然体积巨大，但在重量上却不至于造成模特的不适感。领型的造型有点类似于我国清代的大立领，但却又带有某种与此完全迥异的未来风。加上热辣的南美玫红色调，更显示出作品的活力和热情。

（二）袖部造型（图 8-13）

这款来自于西班牙巴塞罗那的短款礼服，有着非常典型的复古情怀。整个衣身上的黑色花边纹样、裙装上的抽带处理，以及那典雅的紫灰色，都将我们深深地带入了对上个世纪的回忆之中。作品的创新之处在于高耸起的袖型设计，那两个外形酷似中国蟠桃的袖子夸张却又不失纤巧，饱满却又不显臃肿。袖身上的花边纹样由疏至密地进行排列，递进的纹样效果在色彩上丰富了层次性，同时也加强了袖身向袖顶尖端的推进感。袖身与短小简洁的裙身形成了体量上的反差对比，非常吸引眼球。

图 8-13　Bibian Blue(西班牙)作品　　　　图 8-14　Stephane Rolland(巴黎)作品

(三)腰部造型(图 8-14)

　　这款来自于浪漫之都巴黎的礼服作品,依然带着那股洋洋洒洒的不羁气息,高贵神秘,潇洒流畅。整个廓型上依旧沿用了礼服中最为经典的 X 款型,体现了女性的妩媚与妖娆。尤其精华在于设计师于腰腹部进行了双层次面料的叠加处理,并由里侧缀挂出了一条嵌满宝石的腰带,在整身黑色调之中熠熠发光,耀眼却又不张扬。居中部位的这个造型处理,打破了 X 型女装避免在腰节处做层次设计的惯例,增加了体量感的同时却没有增加负重性,而是使腰部成为全品的精华与亮点。

本章小结

　　服装造型在服装设计实践活动中有着十分重要的地位,造型的新颖和别致在很大程度上决定了服装本身的流行时尚。由于人体的造型创作是相对有限的,这就决定了依附于它的服装造型在客观上不可能天马行空般地自由发挥。因此如何对服装造型进一步开拓,一直都困扰着服装设计师,就这一问题多年来许多设计师一直在不断努力进行尝试,也取得了一些成果,而这些成果的取得得益于服装设计师们创造性思维的发挥和应用。服装设计师进行服装造型设计的过程是运用形象思维和立体思维对服装整体造型进行全方位思考和酝酿的过程,也是设计师以自己的审美观和性情进行构思的过程;而思维方法的合理运用能在很大程度上帮助服装设计师打破原有的思维定式,开辟新的艺术境界,从而促使服装造型上的突破和成功。

思考与练习

1. 举一个整体案例说明创新在服装造型设计中的应用。
2. 从秉承传统文化角度看我国服装造型设计的发展方向。
3. 如何理解音乐对于服装造型设计的影响。
4. 运用服装造型设计创新表现中的仿生设计进行实践习作,设计 5~8 款具有创新意识的服装。

参 考 文 献

［1］刘晓刚,朱泽慧,刘唯佳.奢侈品学[M].上海:东华大学出版社,2009.

［2］林燕宁,邓玉萍.服装造型设计教程[M].南宁:广西美术出版社,2009.

［3］柒丽蓉.服装设计造型[M].南宁:广西美术出版社,2007.

［4］马蓉.服装创意与构造方法[M].重庆:重庆大学出版社,2007.

［5］崔荣荣.服饰仿生设计艺术[M].上海:东华大学出版社,2005.

［6］王晓威.服装风格鉴赏[M].上海:东华大学出版社,2008.

［7］刘晓刚,崔玉梅.基础服装设计[M].上海:东华大学出版,2003.

［8］刘晓刚,王俊,顾雯.流程·决策·应变——服装设计方法论[M].上海:东华大学出版社,2009.

［9］吴翔.设计形态学[M].重庆:重庆大学出版社,2008.

［10］陈彬.服装设计基础[M].上海:东华大学出版社,2008.

［11］李波,张嘉铭.形态创意[M].沈阳:辽宁美术出版社,2008.

［12］卞向阳.服装艺术判断[M].上海:东华大学出版社,2006.

［13］袁仄.服装设计学[M].上海:中国纺织出版社,1993.

［14］丁杏子.服装美术设计基础[M].北京:高等教育出版社,1990.

［15］达里尔·J·摩尔,王大宙.设计创意流程[M].上海:上海人民美术学出版社,2009.

［16］伍斌.设计思维与创意[M].北京:北京大学出版社,2007.

［17］赵世勇.创意思维[M].天津:天津大学出版社,2008.

后　记

　　服装造型设计是目前大多数服装院校开设的专业主干课程之一。面对市场上众多的同类教材，怎样编写出本教材的专业特点，阐明在学术上的一些理解，使教材通过全新的观点得到读者的关注，是最为困扰本人的主要方面。好在本书的编写工作从一开始就得到了多方面人员的大力支持，包括以导师刘晓刚老师为代表的学术界前辈，以及自己的挚友扬州大学艺术学院的严加平老师、东华大学出版社的徐建红老师，他们均为本书的编写给予了多方面的无私帮助和关怀。

　　书中举证的许多作品选自东华大学服装学院服装艺术设计系服装设计专业，以及服装艺术设计专业（中日合作）学生的优秀毕业作品，由于篇幅的原因，没能一一署名致谢，在此一并致以最诚挚的谢意。书中也有几幅作品源自本人目前执教的金陵科技学院的历届学生作品，在此也向作者表示真心的感谢。另外，蒋斌、周天祥、李荣、蔡智奇、熊慧玲、宋振超、王昌龙、俞爱峰为本书的文稿校对以及图片的后期处理做了大量辅助工作，在此也向他们致以最真切的感谢。

　　最后，衷心感谢我的父母原东华大学艺术学院的许恩源、吴静芳老师，他们对女儿多年的关爱无以为报，希望本书的出版能给他们带来些许的慰藉，女儿会努力在事业上要求自己，不辜负他们对我的培养，也祝二老身体永远健康。

　　还有，我的领导、同事，以及那群可爱的学生们，是你们让我平凡的生活感受到了幸福和快乐。

许　可